大连海洋大学科技成果转化系列丛书

水产动物疾病的临床诊断与防治方法

叶仕根　王连顺　陈文博　等　编著

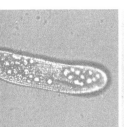

U0247382

江苏凤凰科学技术出版社

图书在版编目(CIP)数据

水产动物疾病的临床诊断与防治方法/叶仕根等编
著.一南京:江苏凤凰科学技术出版社,2023.5(2024.4重印)
(大连海洋大学科技成果转化系列丛书)
ISBN 978 - 7 - 5713 - 3189 - 4

Ⅰ.①水… Ⅱ.①叶… Ⅲ.①水产动物—动物疾病—
防治 Ⅳ.①S94

中国版本图书馆 CIP 数据核字(2022)第 158037 号

大连海洋大学科技成果转化系列丛书

水产动物疾病的临床诊断与防治方法

编 　 　 著	叶仕根　 王连顺　 陈文博　 等
责 任 编 辑	沈燕燕　 王　 天
责 任 校 对	仲　 敏
责 任 监 制	刘文洋

出 版 发 行	江苏凤凰科学技术出版社
出 版 社 地 址	南京市湖南路 1 号 A 楼,邮编:210009
出 版 社 网 址	http://www.pspress.cn
照 　 　 排	江苏凤凰制版有限公司
印 　 　 刷	江苏凤凰数码印务有限公司

开 　 　 本	787 mm×1 092 mm　 1/16
印 　 　 张	11
字 　 　 数	280 000
插 　 　 页	16
版 　 　 次	2023 年 5 月第 1 版
印 　 　 次	2024 年 4 月第 2 次印刷

| 标 准 书 号 | ISBN 978 - 7 - 5713 - 3189 - 4 |
| 定 　 　 价 | 39.80 元 |

《水产动物疾病的临床诊断与防治方法》
编著人员名单

主　　　编　叶仕根（大连海洋大学）

王连顺（大连海洋大学）

陈文博（大连市现代农业生产发展服务中心）

副　主　编　刘建男（大连海洋大学）

高　杨（丹东市渔业发展服务中心）

徐小雅（辽宁省现代农业生产基地建设工程中心）

关　丽（辽宁省现代农业生产基地建设工程中心）

编著人员名单　（以姓氏拼音为序）

黄萍萍（辽宁省现代农业生产基地建设工程中心）

刘　炯（乌鲁木齐吉发渔药有限公司）

蒲森婷（大连海洋大学）

时鑫然（大连海洋大学）

张赛赛（大连市现代农业生产发展服务中心）

前　言

近年来,我国水产业发展迅速,水产养殖产量已经连续多年稳居世界首位。在水产养殖业快速发展的过程中,由于养殖规模化程度提高、养殖密度增加、养殖水质恶化和养殖品种种质退化,水产动物病害频发,给水产养殖业造成巨大损失。同时,从业人员素质参差不齐、水产疾病防治不规范、水产投入品过度使用等原因导致病原交叉感染,加重了病害的发生。据《2021中国水生动物卫生状况报告》统计,我国水产养殖2020年因病害造成的测算经济损失约589亿元,比2019年增加了181亿元。2020年7月修订的《中华人民共和国进境动物检疫疫病名录》列出了43种二类水生动物进境疫病,其中还不包括对虾杆状病毒病、小瓜虫病、黏孢子虫病、指环虫病、河蟹颤抖病等已在我国本地多发、不再列为进境疫病的疾病。此外,一些新的疾病也不断出现,如2018年开始出现的由病原酵母感染引起的河蟹"牛奶病",已成为我国北方地区河蟹养殖最常见、危害最大的疾病之一,对河蟹养殖业造成严重打击。这些传统和新发疾病已成为水产养殖业健康和可持续发展的重要限制因素。

水产动物疾病的控制包括对疾病的诊断、预防和治疗三个方面。疾病诊断是其中的关键核心环节,只有在准确诊断的基础上才能制定出科学合理的防控措施,从而控制疾病发展、减少损失。根据采用的方法与获得结果的准确性不同,疾病诊断可分为临床诊断和确诊。除少数病原或病因明显的疾病外,多数疾病的确诊需要由专业技术人员使用专门的仪器设备才能进行。受硬件设备、人员技术水平和时间等条件所限,目前我国大多数水产动物疾病只进行了临床诊断。临床诊断主要由一线渔医(水生动物类兽医)完成,一般仅依靠肉眼或使用显微镜等简单设备,部分有条件的单位会结合简单的病原分离鉴定结果进行分析诊断。显然,水产动物疾病诊断人员的专业基础、知识结构和临床经验等都将直接影响其对疾病的分析和判断,从而影响临床诊断的准确性。

笔者在多年的水产动物病害防治教学和科研工作中,接诊了大量的常见疾病和一些未见报道的新发疾病,对许多疾病在临床诊断的基础上又进行了进一步的实验室检测和研究确认,极大地提升了临床诊断的准确性。在此过程中收集了一批典型症状图片和经典病例,精选了其中部分重要病例的临床诊断与防治方法形成本书,希望为一线渔医和相关人员更好地认识水产动物疾病,做好疾病的诊断与防治工作提供一些帮助。大连海洋大学水生动物医院(病害实验室)的历届研究生们的部分相关科研成果也整合到了本书中,在此表示感谢! 此外,本书编写中还引用了少量公开发表的文献和同行专家慷慨赠送的图片,文中也一一标注,在此一并表示感谢!

本书的编写分工为:叶仕根编写第一章到第四章和第五章部分内容,并负责全书统稿;王连顺编写第七章和第五章部分内容;其他编者共同完成其余内容。在内容编排上,首先介绍了水产动物疾病的病因与分类、临床症状与检查流程,然后详细介绍了疾病诊断的临床剖检方法、病原检查方法和现场调查方法,最后按照物种分类,介绍了鱼类、虾蟹类、海参、海胆、海蜇疾病的临床诊治案例。临床案例大致按照病原微生物疾病、寄生虫病和其他非寄生性疾病排序。编写过程中,注意突出临床特色和实用性,重点讲解临床诊断的操作和分析方法,防治方法也突出实用性和可操作性。在此基础上,为帮助读者直观地认识疾病特征,精选了200余幅彩图(排于本书最后),大部分都是首次公开发表。希望读者在掌握疾病检查方法的基础上,通过临床案例更好地掌握和理解水产动物疾病及其诊断与防治方法。

本书适合从事水产动物疾病诊疗的一线渔医、水产动物保护企业和水产养殖企业的管理人员和养殖技术人员、个体养殖户、水生动物疫病防治人员,以及水产养殖学、水生动物医学等相关专业学生和水产病害相关的教学、科研单位的工作人员参考使用。

水产动物疾病的发生、发展受诸多因素影响，疾病的临床防治尤其用药必须具体问题具体分析，在考虑用药成本、临床有效性的同时，还必须考虑动物安全、环境安全和食品安全等诸多因素，遵守国家的相关法律法规规定。

建议读者在使用每一种药物之前，认真参阅厂家提供的产品说明书以确认所用药物的用量、用药方法、休药时间与用药禁忌等。

本书资料丰富，但限于笔者水平，书中难免有缺憾和不足之处，恳请广大读者提出宝贵意见和建议。

笔者

2022 年 5 月 15 日

目 录

第一章
水产动物疾病的
病因与分类

水产动物疾病种类多,致病因素各异,了解水产动物疾病的特征、发病原因和分类有助于正确诊断疾病,是制定科学有效的预防措施和治疗方案的基础和依据。

第一节　水产动物疾病的基本特征

健康的水产动物对所处环境具有较好的适应性,可调节自身机体与环境保持动态平衡。在一定条件下,致病因素可扰乱水产动物的正常生命活动,使其对外界环境变化的适应能力下降,不能维持原来的动态平衡。此时,水产动物会出现一系列的症状和体征,即发生疾病。与人和其他陆生动物疾病一样,水产动物疾病本质上是机体损伤与抗损伤的复杂反应过程,其发生、发展和转归具有以下基本特征:

首先,任何疾病的发生都有一定的原因,即病因(致病因素)。水产动物疾病的病因可以是病原感染,也可以是环境变化、营养不良等非病原性因素作用的结果。很多时候,水产动物疾病是多种因素共同作用的结果。但无论如何,没有原因的疾病是不存在的。

其次,任何疾病都会呈现一定的机能、代谢和形态结构的变化,即会表现出各种症状和体征。在养殖实践中,水产动物疾病的症状和体征是发现疾病和对疾病做出临床诊断的重要依据。

最后,疾病是一个有规律的动态发展过程。其在不同的发展阶段有不同的变化和一定的因果转化关系。这就要求进行疾病诊断时,要注意分析疾病病程,辨别其发展阶段,不能仅仅凭借某些特定症状进行机械的诊断或采用僵化的治疗方案。

第二节　水产动物疾病的病因

水产动物疾病发生的原因多种多样,归纳起来主要包括病原、宿主和环境三个方面的因素。水产动物疾病的发生不是孤立的单一因素作用的结果,而是三个方面相互作用的结果。

一、病原因素

病原侵害是水产动物疾病发生最常见和最重要的因素之一。水产动物的病原种类很多,一般可分为致病微生物、寄生虫和敌害生物三大类。不同种类的病原对宿主的毒性或致病力各不相同，即使同一种病原在不同生活时期对宿主的致病力也不相同。只有当病原在宿主上达到一定数量时，才能使宿主生病。

病原对宿主的危害主要有以下几个方面：一是夺取宿主营养，使宿主生长不良，身体瘦弱、贫血，抵抗力降低，生长发育迟缓或停止。二是造成宿主组织损伤或机械损伤，如锦鲤疱疹病毒病的鳃坏死和间质性肾炎病变，以及寄生虫寄生引起宿主寄生部位组织充血、发炎，出现溃疡或细胞增生等病理症状。三是分泌有害物质或作为其他疾病的传播媒介，如有些寄生虫能分泌蛋白分解酶或抗凝血物质，以便摄食宿主细胞或吸食宿主血液。

（一）病原微生物

包括病毒、细菌、真菌、螺原体、衣原体、立克次体等病原微生物（图 1-1）。微生物的体积很小，除真菌和部分细菌外，不能用目检或显微镜检查的方法进行辨认。因此致病微生物的检查通常需要借助微生物学手段对其进行分离和鉴定。

许多微生物性疾病具有强传染性和发病急、死亡率高等特点，是目前水产动物最常见和危害最大的疾病类型。2020 年 7 月发布的《中华人民共和国进境动物检疫疫病名录》列出了 43 种水生动物二类进境疫病，其中有 36 种微生物性疾病。如由鲤春病毒引起的鲤春病毒血症、虾白斑症病毒引起的对虾白斑综合征、丝囊霉菌引起的流行性溃疡综合征等。此外，还有许多疾病由于本地多发未被（不再）列为进境疫病，但仍有严重危害，如对虾杆状病毒病、河蟹颤抖病、气单胞菌、弧菌、链球菌等由细菌引起的败血症、腐皮溃疡症、烂鳃病、肠炎病，以及水霉病、鳃霉病、镰刀菌病等常造成毁灭性损失。同时，许多新的水产病原不断出现，如中华小长臂虾肌肉白浊病已被证实由一种立克次体样病原——贝氏柯克氏体感染所致。2018 年开始发生，对北方地区河蟹养殖造成重大损失并逐步往南方扩散的河蟹"牛奶病"，就是由一种新的病原真菌——二尖梅奇酵母感染引起的。

（二）寄生虫

包括寄生原生动物（原虫）、吸虫、绦虫、线虫、棘头虫、寄生蛭类、甲壳动物和软体动物幼虫等寄生虫（图 1-2）。寄生虫可以寄生在水产动物的体表（外寄生）和体内（内寄生）。不管哪种寄生方式，都会对鱼体造成侵袭性损伤，因此寄生虫也被称为侵袭性病原。寄生虫大小差异很大，小的只有几微米，如微孢子虫，大的可数以米计，如绦虫。与病原微生物相比，寄生虫体积较大，可以通过目检或显微镜检查来发现和辨认。此外，为适应寄生生活需要，寄生虫常形成独特的寄生构造，这也是进行寄生虫检查和鉴别的重要依据。

寄生虫也是水产动物常见的病原类型,有些种类常造成严重损失。在本土寄生虫病中,锥体虫、孢子虫、小瓜虫、车轮虫、斜管虫、盾纤虫等属于鱼类常见的寄生原虫;累枝虫、聚缩虫等固着类纤毛虫则是甲壳动物常见的寄生原虫;三代虫、指环虫、血居吸虫、复口吸虫、锚头鳋、中华鳋、鱼怪、鲺等则是常见的鱼类吸虫和寄生甲壳动物。前述进境动物检疫疫病名录列出了鲑鱼三代虫病、牡蛎包拉米虫病和海水派琴虫病等7种在国外危害较大的进境二类寄生虫疫病。此外,有些寄生虫如异尖线虫、华支睾吸虫是人鱼共患寄生虫,也应予以注意。

(三) 敌害生物

包括各种直接捕食鱼类的动物,如凶猛鱼类、捕食鱼类的水鸟、龟鳖类、蛙类、水生昆虫(如龙虱、水斧虫、红娘华、水蜈蚣)及其幼虫(如水虿)等(图1-3)。广义上,对水产动物造成危害的水生植物如水网藻、蓝藻、青泥苔等,以及赤潮现象都属于敌害生物的范畴。

许多敌害生物同时也是其他病原生物的携带者。如蜻蜓幼虫水虿既可大量捕食鱼苗、虾苗,其本身又可感染和携带对虾肝肠胞虫等病原。捕食鱼类的鸥鸟则是舌状绦虫的终末寄主,舌状绦虫裂头蚴在鸥鸟肠道中发育为成虫并产卵,虫卵随粪便排入水中,从而造成病虫的进一步扩散。

二、宿主因素

水产动物本身存在若干防御疾病发生、发展的机制,在病原侵入的过程中抵御病原生物的侵入和繁殖,控制病原扩散并修复病原造成的损伤。水产动物这种对疾病的防御能力也可称为机体的免疫力或抗病力。水产动物的免疫力与疾病是否发生有着重要关系。当机体免疫力强时,疾病就不易发生,反之则易发生。

(一) 免疫防御系统

水产动物的免疫防御系统由免疫器官和组织、免疫细胞以及免疫因子三大部分组成。鱼类的免疫器官和组织有胸腺、肾脏、脾脏和黏膜相关淋巴组织,免疫细胞包括淋巴细胞和吞噬细胞,免疫因子包括白细胞介素、干扰素等。

从免疫力的形成和获得途径看,水产动物的免疫力可分为先天性免疫和获得性免疫两类。先天性免疫是动物在长期进化过程中形成的对病原的抵抗力,如巨噬细胞、单核细胞等对病原的吞噬作用,这种抵抗力没有遗传性和记忆性,缺乏特异性,也称为非特异性免疫。获得性免疫是指机体受到抗原性异物刺激后，体内免疫细胞通过一系列反应清除抗原性异物的过程，这种抵抗力是后天获得的，具有严格的特异性，也称为特异性免疫。鱼类接种疫苗后获得针对特定病原的免疫力就属于特异性免疫。鱼类的特异性免疫反应主要是通过免疫球蛋白 IgM 进行的。无脊椎动物如甲壳动物和棘皮动物等是否存在特异性免疫还有争议，有待进一步研究。

（二）免疫力影响因素

水产动物的免疫力受到动物种类、年龄因素、营养条件、健康状况、个体差异以及环境条件等诸多因素影响。

1. 动物种类

有些水产动物对某些特定病原较为敏感，即存在"种属"不耐受性。如鲤疱疹病毒只感染鲤及其变种，其他鱼类对其不易感；鲴爱德华氏菌主要感染鲇形目鱼类如斑点叉尾鲴等，其他鱼类则相对不易感染发病。

2. 年龄因素

多数情况下，成鱼比幼鱼对病原的抵抗力更强，这主要与免疫系统发育程度有关。如病毒性神经坏死病主要发生在孵化后 1～2 周的仔鱼和幼鱼上，成鱼常带毒但不表现出临床症状；草鱼出血病在 1 龄鱼多发，2 龄以上较少发生。九江头槽绦虫主要危害草鱼幼鱼，成鱼的发病率较低，这主要与草鱼摄食饵料的转变有关。

3. 营养条件

营养条件直接影响水产动物对致病因子的易感性。当营养不良时，水产动物对疾病的易感性升高，反之不易感。水产养殖动物的营养主要来源于饲料的投喂，后者直接决定水产动物的营养状况。饲料中所含的营养不均衡（过多或过少）或其成分不能满足养殖动物维持生长活动的最低需要时，水产动物往往生长缓慢或停止，身体瘦弱，抗病力降低，严重时就会出现明显的症状甚至死亡。营养成分中容易发生的问题是缺乏维生素、矿物质、氨基酸等，其中最容易缺乏的是维生素和必需氨基酸。此外，腐败变质的饲料也是致病的重要因素。据调查，湖北、四川等地近年春天发生的草鱼大量死亡事件主要是投喂劣质饲料所致。一些饲料厂家和养殖企业片面追求快速生长和高饵料系数，非法添加违禁物品情况时有发生。如前几年发生的鱼类应激性出血症主要就是由于饲料中违规添加了促生长剂喹乙醇。

4. 健康状况

当水产动物本身健康状况不佳或处于特定的疾病条件下时，对疾病的抵抗力也会下降。如河蟹体表和鳃寄生固着类纤毛虫时,其对环境变化和细菌感染的抵抗力会显著下降,易发生蜕壳不遂和死亡。当鱼体上有锚头鳋、鲺等寄生时,由于寄生部位皮肤受损易继发水霉等真菌感染。在捕捞、运输和饲养管理过程中,由于工具不适宜或操作不小心,易使水产动物身体受到摩擦或碰撞造成机械损伤,会导致组织或体液流失,渗透压紊乱,引起各种生理障碍以至死亡。除了这些直接危害以外,伤口也是各种病原微生物侵入的途径。许多鱼类疾病如鱼类赤皮病、水霉病,海参苗种化皮病等都与饲养管理不佳、操作不当造成的体表损伤有关。

5. 个体差异

在同一种群内部不同个体对致病因素的抵抗力也存在差异。这种个体差异首先与遗传因子有关,如品种退化、先天畸形等缺陷致病,同时也与前述年龄因素、营养条件、健康状况等有关。

6. 环境条件

环境条件如温度、溶解氧、水质等因素会显著影响水产动物的免疫力。在适宜的环境条件下,水产动物的免疫力较强;在不良的环境条件下,水产动物处于应激状态,抵抗力下降。当环境严重不良时,会直接导致水产动物发病。

三、环境因素

水产动物生活在水中,水环境条件直接影响水产动物生活生长。各项环境理化因素的变动或污染物质等都会直接影响动物健康,一旦超越了养殖动物所能忍受的临界值就能致病。同时,水环境条件也与病原的生长、繁殖和传播等有密切的关系,影响水产动物疾病的发生。影响疾病发生的环境因素主要有水温、溶解氧、酸碱度、盐度以及污染物等。

(一)水温

水产动物是变温动物,温度直接影响水产养殖动物的存活、生长和健康状况。同时,水温也影响病原的繁殖,在水产动物疾病的发生中起关键作用。当温度适合养殖动物的生长,不利于病原的生长和繁殖时,疾病一般不易发生,反之则极易发生疾病。当水温在 12 ℃左右时,鲤感染鲤春病毒血症病毒极易发病;水温在 20 ℃左右时,鲤即使感染该病毒也不易发病,呈潜伏感染。我国北方地区春季鱼类水霉病多发就是水温适宜病原生长与越冬后鱼体抵抗力降低相互作用的结果。此外,极端天气引发的水温过高,也会对水产动物产生影响,2018 年夏季辽宁地区刺参、海蜇养殖几乎全军覆没,正是养殖水域环境温度接近甚至超过刺参耐受极限所致。

（二）溶解氧

水中溶解氧含量高低直接影响水产动物的生存和生长。当溶解氧不足时，水产动物摄食下降，生长缓慢，抗病力下降；当溶解氧严重不足时，水产动物就会浮头甚至发生泛池、死亡。除少数水产动物（如蓝线鳍鱼、泥鳅）可以部分直接利用空气中的氧气进行辅助呼吸外，大多数水产动物完全依赖于水中的溶解氧进行呼吸。不同水产动物对溶解氧的需求不同（表1-1），通常水体上层动物对溶解氧的需求高于底层动物。大多数水产动物需要 4 mg/L 以上的溶解氧才能正常生活。

表 1-1 不同水产动物的溶解氧需求

物种	溶解氧需求/(mg/L)	最低耐受需求/(mg/L)
鲢	4	0.4～0.6
鲤	4	0.1～0.4
大菱鲆	5	3
虹鳟	6	1.5～2.0
鲇鱼/泥鳅	3	0.24～0.48
南美白对虾	4	1.05～2.00
刺参	4	1
海胆	4	3
海蜇	5	0.1

此外，水质和底质会影响水中溶解氧含量，从而影响动物的生存和生长。在高密度养殖条件下，水体中饵料残渣和鱼虾粪便等有机物质腐烂分解的过程会在消耗溶解氧的同时产生氨和硫化氢等有害物质，使池水发生自身污染。

（三）酸碱度

一般中性略偏碱（pH值为 7.0～8.5）环境较适宜动物生长，偏酸的水质通常不利于水产动物生长，水产动物常体质瘦弱，极易发病。同时应注意不同水产动物适宜的酸碱度范围有一定差异。有的水产动物喜欢略偏酸的环境，如观赏鱼品种蓝灯鱼就喜欢pH值为 6.0～7.0 的环境条件。

（四）盐度

不同动物对盐度的需求有差别，当盐度不适宜（过高或过低）时易导致动物生长不良，抗病力降低，严重时可直接导致动物发病和死亡。盐度问题在海水或半咸水养殖中较易发生,通常见于降水过多使水体盐度下降的情况。如室外海水养虾遇到强降雨时,需要及时排掉上层水(即排淡),否则水体交换后盐度下降会导致对虾发病甚至死亡。北方地区每年春天出现的刺参化皮病,主要就是海面浮冰融化导致参圈水体盐度急剧下降造成的。淡水水域的盐度问题通常与上游排放含盐废水导致盐度快速上升有关,常引起淡水养殖动物中毒,造成短时大量死亡。

(五)污染物

养殖过程中,由于残饵粪便的堆积和分解,使得水体氨氮、亚硝酸盐、硫化氢等含量升高,同时也会降低水体溶解氧,影响动物健康。养殖过程中除了养殖水体的自身污染外,有时外来的污染更为严重。这些外来的污染一般来自工厂、矿山、油田、码头和农田的排水。这些排水中大多数含有重金属离子、农药或其他有毒的化学物质,可能造成水产动物急性或慢性中毒。

(六)环境突变

水产动物对各种环境因素都有一个适宜范围,在此范围内通常不会发病。但当环境条件在短时间内快速变化时,即使仍在适宜范围内,也会使水产动物处于应激状态,抵抗力下降,严重时甚至会直接导致发病和死亡。如养殖过程中突然加注大量新水,虽然水质没有问题,却也可能因为温度和其他水质指标变化太快导致水产动物患病。

四、疾病发生的"三环"学说

随着水产养殖业的不断发展,日益严重的疾病问题已成为产业可持续发展最主要的限制因素之一。导致水产动物疾病发生的原因有很多,有时是由于单个致病因素导致,但更多的是多个致病因素相互影响、共同作用的结果。这种相互作用常用经典的"三环"学说来表述。概括来说,即水产动物疾病的发生和发展是水产养殖环境中各种因素,包括宿主(动物种群健康状况)、病原体(种类、数量与致病性)和环境因素相互作用的结果。这三个因素相互影响,处于一个动态变化的平衡过程。当水产动物对环境条件的抵抗力和病原体的感染压力之间的平衡被打破时,就会发生疾病。赫德里克等于1998年进一步总结和完善了"三环"学说,使用新的三环图来表述疾病发生的原因和条件(图1-4)。

(一)病原与疾病发生的关系

病原生物是水产动物疾病发生时最受关注的因素之一。病原对宿主的致病力与病原的毒力和数量有关,只有当病原在宿主体内达到一定数量,毒力足够时才能使宿主发病。不同病原体的致病力不同。一些病原体对水生动物具有高致病性,例如传染性胰腺坏死病毒、传染性贫血病病毒、传染性造血器官坏死病病毒等疫病病原。这些病原体的感染往往会造成严重的损失,必须通过严格检疫限制入境和(或)杀死所有受感染动物来彻底消灭和严格控制它们的传播。其他病原体可能相对较弱甚至没有致病性,如细菌性病原通常是条件致病性病原,在环境中很常见,不能完全从环境中去除。只能通过水体消毒减少水环境中病原体数量的方法来控制疾病。

(二)环境与疾病发生的关系

环境因素是影响病原体和动物健康的水产动物疾病发生和发展的另一个重要因素。由于水产动物生活在水中,有时环境因素可能在疾病的发生发展中发挥更重要的作用。良好的环境条件不仅有利于水生动物健康,而且可以减少病原体的数量,从而减少疾病发生的机会。反之,恶劣的环境或污染条件往往会增加病原体的数量,给动物带来压力,从而降低水生动物的抵抗力并导致疾病。

(三)宿主与疾病发生的关系

动物的健康状况也是疾病发生和发展过程中的一个重要因素。一般来说,动物的健康状况越好,对不利环境条件和病原感染的抵抗能力越强,疾病发生的可能性就越小,反之亦然。水产动物的健康状况或抵抗力与其遗传条件、营养条件,尤其是免疫状态直接相关。不同种类水产动物对同一病原的易感性不同,即病原的宿主特异性,这是由水产动物遗传特性决定的。如鲤疱疹病毒Ⅱ型只感染鲫及其变种,而鲤疱疹病毒Ⅲ型主要感染鲤、锦鲤及其变种。同样,斑点叉尾鮰病毒自然条件下只感染斑点叉尾鮰,不对其他鱼类致病。

总的来说,水产动物疾病的发生通常是多种因素共同作用的结果。不同病因之间往往相互作用、相互促进,从而使得疾病更易发生。在临床上,应注意查找病因,分析疾病发生的主要和次要因素,才能做出准确的诊断,制定科学合理的预防和治疗措施。

第三节　水产动物疾病的分类

水产动物种类多,养殖模式与环境条件各异,加上致病因素种类繁多,使得水产动物疾病表现形式千差万别。根据不同的划分标准,可以将水产动物疾病划分成不同类型。常见的划分标准有病因、感染情况、病程长短等,有时也将多个标准混合在一起相互补充以对水产动物疾病进行分类。

一、按病因分类

按病因不同,水产动物疾病可分为由病原生物因素引起的疾病(生物性疾病)和由非生物性因素引起的疾病(非生物性疾病)两大类。

(一) 由病原生物引起的疾病

由病原生物引起的疾病也称生物性疾病或寄生性疾病,根据病原生物的不同又可进一步分为以下类别:

1. 微生物病

由病原微生物感染引起的疾病,通常有很强的传染性,也称传染性疾病。根据病原的不同可进一步分为病毒性疾病、细菌性疾病、真菌性疾病和立克次体性疾病等。

2. 寄生虫病

由寄生虫寄生引起的疾病,通常会对机体造成侵袭性损伤,形成侵袭性疾病或侵袭性病害。根据寄生虫种类的不同可进一步分为原生动物疾病、吸虫疾病、线虫疾病、棘头虫疾病、环节动物疾病和甲壳动物疾病。

3. 生物敌害

由各种直接捕食鱼类的动物,如凶猛鱼类、水鸟、龟鳖类、蛙类、水生昆虫(如龙虱、水斧虫、红娘华、水蜈蚣)及其幼虫(如水蚤)等引起的疾病。水生植物如水网藻、蓝藻、青泥苔等可直接对水产动物造成危害,也属于广义的敌害生物。

(二) 由非生物性因素引起的疾病

由物理、化学和营养等非生物性因素所引起的疾病,也称非生物性疾病或非寄生性疾病。这些病因既可单独引起水产动物发病,也可由多个因素共同作用引发鱼类发生疾病。根据具体致病因素的不同又可分为以下几类:

1. 环境不良引起的疾病

由非正常水环境因素引起的疾病。非正常的环境因素包括水体理化因素的变动以及有毒物质的污染和积累,如水温、溶解氧、盐度、酸碱度不适宜或变化过快,氨氮、亚硝酸盐、硫化氢等有毒物质积累过多等因素都可以引起相应疾病。如泛池、气泡病、感冒、冻伤、农药和重金属中毒等都与水环境不适宜有关。

2. 营养不良性疾病

由于投喂饲料或饲料中营养成分的过多、不足或不均衡引起的疾病,如饥饿(萎瘪病）、氧化油脂中毒（瘦背肌症）、维生素缺乏和微量元素缺乏等。

3. 机械损伤

在饲养管理过程中，由于操作不当或使用工具不适宜，使得养殖动物受到摩擦、碰撞或挤压受伤引起的疾病，常表现为体表鳞片脱落、创伤和溃疡等，常继发其他细菌性疾病或真菌性疾病。

4. 先天或遗传缺陷性疾病

水产动物因先天不足，出现发育不全、畸形等情况。

二、按感染情况分类

根据病原生物的种类和感染先后等感染情况的不同，微生物病和寄生虫病又可做以下划分：

（一）感染病原的种类

1. 单纯感染

由单一病原体感染引起的疾病。如由草鱼呼肠孤病毒感染引起的草鱼出血病，由链球菌感染引起的罗非鱼链球菌病等。

2. 混合感染

由两种或两种以上的病原体共同感染引起的疾病。如患草鱼赤皮病的病鱼常可同时感染由柱状黄杆菌、肠型点状气单胞菌而引发的烂鳃、肠炎等症状，水霉病的病鱼伤口通常会同时伴有细菌感染的现象，这些都属于混合感染。

（二）感染发生的先后

1. 原发性感染

病原直接感染健康水产动物引发的疾病。如健康鲤感染锦鲤疱疹病毒而患锦鲤疱疹病毒病，健康团头鲂被鲺寄生等都属于原发性感染。

2. 继发性感染

已发病的机体，因抵抗力降低而再被另一种病原体感染发病。继发性感染是在原发性感染的基础上发生的。如体表机械损伤的鲤感染水霉，患锦鲤疱疹病毒病的鲤感染嗜水气单胞菌等都属于继发性感染。

（三）同种病原多次感染

1. 再次感染

患病动物感染某种病原痊愈后，被同一种病原体第二次感染患同样的疾病。如鱼苗患指环虫病治好后,也会再次被指环虫感染而发病。

2. 重复感染

首次病愈后,水产动物体内病原并未被完全清除,机体与病原体之间保持暂时的平衡,在适宜条件下,同种病原体在机体内达到一定的数量时,又暴发原来相同的疾病。如异育银鲫携带鲤疱疹病毒病Ⅱ型的潜伏感染被激活引发鳃出血病。

三、按病程长短分类

水产动物疾病病程的长短首先与疾病类型有关,其次受水产动物本身健康状况及所处环境条件的影响。根据病程持续时间长短不同,水产动物疾病可分为急性型、亚急性型和慢性型。不同类型之间无严格的界线,当外界或内在条件发生变化时,可相互转化。

(一)急性型

病情来势凶猛,病程持续时间短,通常在持续数天或者1～2周动物就已死亡,特急性时甚至还未表现出疾病症状就已死亡,而耐过存活的动物则症状消退,恢复健康。如感染弧菌的虾苗幼体和感染鱼波豆虫的鱼苗常在2～3 d后发生大量死亡。

(二)亚急性型

病程比急性型稍长,一般2～6周出现主要症状。如患亚急性型鳃霉病,病鱼会出现典型症状,鳃丝严重坏死,呈花斑状或大理石样病变。

(三)慢性型

病程可长达数月甚至数年,病情不剧烈,患病动物长期表现出特定症状但无明显的死亡高峰。如患慢性型鳃霉病时,病鱼仅出现小部分鳃丝坏死、苍白,但症状可持续数月。许多疾病,如营养缺乏性疾病、细菌性疾病(如打印病)、寄生虫病(如锥体虫病、异沟虫病)以及鱼类肿瘤等常表现为慢性型。

　　水产动物种类繁多,生活习性和环境各异,患病之后的临床症状多样。对水产动物疾病的准确诊断是进行有效防控,减少病害损失的前提和依据。此外,水产动物生活在水中,不便于观察,使得疾病诊断更加困难。因此,在水产动物疾病临床诊断中首先应熟悉疾病的临床症状,然后按照科学规范的流程进行检查,这样才能做出准确诊断。

第一节　水产动物疾病的临床症状

　　水产动物患病后，由于生理活动异常，体表或内部结构会出现一系列可观察到的改变，如皮肤出血、发红，肝脏肿大，内脏结节等，有时会伴有游动和呼吸等行为异常，严重时会发生死亡。这些变化即体征，也习惯性地称为症状或临床症状。认识和掌握动物患病后临床症状，是发现疾病以及进一步检查和诊断的基础。本节将从发病情况、临床表现和剖检症状三个方面介绍水产动物疾病的临床症状。

一、发病情况

　　不同水产动物疾病病程即发病情况（发生和发展过程）不同。水产动物是否出现典型的行为异常与剖检症状，是否发生死亡以及这些情况出现得快慢、范围等都属于发病情况考虑的范畴。详细了解水产动物疾病的发病情况对于进一步的诊断分析十分重要。根据死亡情况以及临床表现和剖检症状的不同，可将发病情况分为以下三种类型：

（一）突然发生，涉及面广

　　如果疾病突然发生，病情很急，短时间（一天以内或几个小时，甚至更短时间）就出现明显症状。发病时涉及的动物较多（不只是零星发病），或者同水体里的其他动物也同时发病。发病动物主要表现为行为异常，而不出现明显的剖检症状，或仅有体表、鳃黏膜等与外界接触的部位表现出一定症状。此外，不同种类动物的发病比例相近，也可能因耐受性不同而表现出一定差异，但其临床表现大体相似。这种情况通常是环境或水质问题，如缺氧、中毒、氨氮含量过高、气候突变等。

（二）逐步发生，不断扩散

　　病情逐步发生，疾病的症状可能需要较长的时间才逐步发展和表现出来，症状可能越来越严重，死亡率也逐渐增加。发病对象大多只局限于一部分种类甚至某一些生长阶段，其他的动物则不受影响，这种病情通常属于病原微生物或一些寄生虫感染的典型特征。需要注意的是，长期营养不良、慢性中毒或环境逐步恶化时，也可能有类似病情逐步加重的过程。如果病情还表现出随水流或工具等逐渐向周围扩散的趋势，则可进一步证明其为病原生物感染所致。

（三）部分动物发生，不扩散

疾病只发生于个别动物,发病动物的病情可能逐步发展恶化,也可能长期稳定在某一阶段。疾病不向周围水体动物扩散,同水体的其他动物甚至同种动物都不受影响。这种情况通常不属于感染性过程,由于其发病范围小,也不符合常见的环境或水质恶化造成的疾病。这类疾病多见于肿瘤、营养紊乱、遗传性疾病或本身携带某些不易传染的病原(如复口吸虫囊蚴)等,与外界环境恶化和感染关系不大。

以上三种情况,可以用一个简单的流程概括如下:

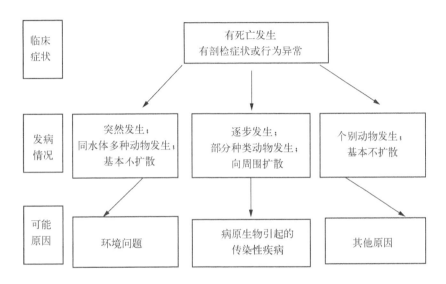

二、临床表现

在了解群体发病情况后,需要进一步观察水产动物患病个体的情况。动物患病后通常会在临床上表现出一些异常行为和剖检症状。水产动物的这些异常行为也是疾病临床症状的重要组成部分,需要重视。患病水产动物的行为异常主要有以下三种情况:

（一）游动异常

游动异常的一种情况是行动迟缓,患病动物游动缓慢甚至不游动,或在刺激下游动一会又恢复到静止状态。某些病毒性疾病如鲤浮肿病(图 2-1)或疱疹病毒病,或某些细菌和寄生虫感染时可引发此种情况。此症状通常在疾病末期时出现,发病动物往往很快死亡。

另一种情况则是患病动物出现不自主运动,在水中失去平衡,无规律、无方向地狂游打转、跳跃、抽搐等。此情况通常见于病原生物侵入脑组织(如病毒性神经坏死病、鮰爱德华氏菌病、链球菌病以及碘泡虫、双穴吸虫尾蚴寄生等)或产生毒素损伤神经,以及体表寄生虫(如三代虫、鲺等)和水霉等的刺激。某些原因导致鳔功能失调,或因腹水、腹腔寄生虫(如舌状绦虫)等大量寄生导致腹部膨大时,病鱼常失去平衡侧卧于水中。

(二)呼吸异常

呼吸异常是指呼吸频率加快或减慢。呼吸频率加快常见于水体缺氧,或水产动物有鳃部疾病如细菌性烂鳃、鳃霉以及车轮虫、指环虫、血居吸虫等寄生虫寄生时。水体缺氧时,鱼类常在水面上层呼吸,甚至露出水面吞取空气,即浮头,严重时会导致窒息死亡。在一些寄生虫如鱼波豆虫、血居吸虫等寄生时,病鱼鳃丝严重肿胀,可致鳃盖闭合不全。此外,一些中毒性疾病也会表现呼吸异常,如小三毛金藻中毒时,病鱼先兴奋后抑制,呼吸先加快后变慢直至停止,最终麻痹死亡。

(三)摄食异常

养殖动物的摄食异常通常分为食欲减退、抢食和食欲异常旺盛等情况。食欲减退或废绝,常见于各种疾病过程中,是许多疾病常见的伴发症状。此外,环境不适、饵料更换或不适口等也可造成食欲减退。投喂不足,动物饥饿时会出现比正常摄食更加明显的抢食现象,鳗鱼狂游病等某些疾病的发病初期就会出现异常抢食和食欲旺盛现象。

三、剖检症状

水产动物疾病的剖检症状多种多样,大致归为以下三种情况:体型变化、体色变化和其他局部症状。下面以鱼为例进行介绍。

(一)体型变化

1. 消瘦与肥胖

饲料质量差、养殖环境不适或者疾病都可造成鱼体食欲消退进而引起鱼体消瘦。长期摄食氧化油脂时,鱼类背部肌肉萎缩,发生瘦背肌症(图2-2);长期饥饿可致萎瘪病的发生;长期摄食营养不均衡,能量过多的饲料时,病鱼体内常累积过多脂肪,导致肥胖和脂肪肝。

2. 畸形

鱼体畸形通常是由某些饲料营养配比不均衡、不能满足鱼体的正常营养需求造成的,如长期摄入氧化油脂或缺乏维生素C会导致养殖动物脊柱弯曲(图2-3)。重金属和农药中毒也是鱼类畸形的常见因素。此外,某些疾病的后遗症如被锚头蚤寄生后的小鱼长大后会出现鱼体畸形或脊柱弯曲的情况,患有传染性造血器官坏死病的幸存鱼类也会出现脊柱变形。

3. 腹部膨大

引发腹部膨大的原因众多。病鱼患严重肠炎,腹腔中蓄积大量腹水;某些真菌如异枝水霉、半知菌类以及寄生虫(图2-4)如舌状绦虫寄生;在腹腔中长有肿瘤等皆可引起腹部膨大。

(二) 体色变化

水生动物患病时常伴有体色变化,通常表现为病鱼体色变黑。水质不良、光照过度以及微量元素或维生素缺乏等情况都可能导致鱼体色变浅或发红。某些细菌感染时可使病鱼局部体色发生变化,如分枝杆菌感染会使体表局部颜色鲜艳。某些细菌如拟态弧菌、哈维氏弧菌等感染会使体表局部褪色(图2-5)。体表长有黑色素瘤可引起鱼体色局部变深。鲑科鱼类缺乏某些营养元素会在体表形成蓝色斑块。一些遗传性因素也会导致动物体色变化,如大菱鲆、河蟹的白化症状(图2-6)等。

(三) 其他局部症状

1. 黏液增多与减少

通常水生动物患病表现为体表黏液增多,多种因素都会引发此种现象,如绝大多数的细菌感染,某些体表寄生虫(图2-7)如斜管虫、车轮虫、指环虫、三代虫等在病鱼体表寄生,或感染某种病毒如鱼痘疮病患病初期。此外,长途运输、药物中毒,以及某些疾病如病鱼感染漂游口丝虫后期也会出现黏液脱落现象,鱼体黏液减少,手感粗糙。

2. 充血、出血与溃疡

充血、出血与溃疡是水生动物患病的常见表现之一,病毒、细菌、真菌与寄生虫感染皆可引发这些症状。通常上述病因引发充血、出血与溃疡没有固定的发病位置,脑、眼眶、吻端、下颌(图2-8)、鳃盖、鳃丝、皮肤、肌肉、鳍条与各内脏组织皆可发生。不同疾病充血、出血与溃疡的表现形式也不尽相同,有时表现为全身性,有时为局部性;有时为出血点,有时出血斑。通常疾病初期以充血、出血为主,但随着疾病的发展,充血、出血的位置会演变为溃疡甚至腐烂(图2-9)。

3. 贫血与缺血

一些血液寄生虫(锥体虫)或以吸食鱼血(中华湖蛭)为生的寄生虫寄生(图2-10)或某些产溶血素的细菌感染会导致病鱼贫血。某些出血性疾病如草鱼出血病(图2-11)、鲤春病毒血症会使鱼类缺血。

4. 包囊与结节

某些寄生虫如艾美虫、黏孢子虫等在体腔寄生、微孢子虫在肌肉寄生会形成白色包囊。某些衣原体状生物感染会使病鱼体表出现白色包囊。某些真菌如霍氏鱼醉菌在内脏组织中寄生时会形成白色结节(图 2-12)。某些寄生虫如长棘吻虫寄生会使肠壁出现肉芽肿结节。

5. 异常增生

除充血、出血与溃疡外,某些疾病还会引发某些特别的体表症状。如水霉或盾纤毛虫等大量寄生造成鱼体长白毛。某些寄生虫如小瓜虫、刺激隐核虫、本尼登虫、中华鳋在体表或鳃部寄生会出现白点。某些寄生虫如茎双血吸虫在体表寄生会使病鱼体表出现黑点。锚头鳋在体表大量寄生时鱼体犹如披着蓑衣。虹彩病毒感染会使病鱼皮肤出现菜花样囊肿物。疱疹病毒感染会使病鱼体表出现石蜡样增生物。一些病毒和环境因素可以引发鱼类肿瘤(图 2-13)。

6. 竖鳞与脱鳞

某些寄生虫如鱼波豆虫、血居吸虫等寄生(图 2-14)和多数细菌全身性感染(图 2-15)皆会导致鱼体竖鳞。养殖过程中不规范操作造成的机械性损伤或体表寄生虫寄生会造成鳞片缺失。除竖鳞与脱鳞外还有其他鳞片异常症状,如嗜子宫线虫寄生会使鳞片出现不规则花纹。

7. 突眼与眼球凹陷

眼球是另一个养殖动物患病的表征器官,通常大多数细菌、病毒感染都会造成病鱼眼球突出(图 2-16)、眼眶发红出血。某些疾病会使眼球出现特殊的症状,如锦鲤疱疹病毒(图 2-17)和鲤浮肿病毒感染会引起病鱼眼球凹陷,当小瓜虫、六鞭毛虫在眼角膜寄生时则会使病鱼失明(图 2-18),双血吸虫寄生时则会使病鱼出现白内障和晶体脱落(图 2-19)等症状。此外某些营养物质如维生素 B_2 缺乏同样会使病鱼患白内障。

8. 腹水

许多传染性疾病,如传染性造血器官坏死病、牙鲆弹状病和迟缓爱德华氏菌病以及黏孢子虫寄生等,病鱼剖检腹腔常见腹水(图 2-20)。腹水通常是肝、肾损伤或其他全身性代谢障碍引起水肿的结果。有腹水的病鱼常伴发竖鳞和突眼。因腹水的原因很多,需要进行综合分析。

9. 烂鳃

多数细菌感染会造成病鱼烂鳃,某些细菌如柱状黄杆菌、荧光假单胞菌等感染造成烂鳃的外在表现为鳃盖出现"开天窗"的症状。某些鳃部寄生虫如碘泡虫、指环虫和三代虫等同样会引发烂鳃(图 2-21)。某些病毒如疱疹病毒感染会使病鱼鳃出血(图 2-22)。某些真菌如鳃霉寄生会使鳃丝呈花斑状。此外某些因素还会引发病鱼鳃部出现除烂鳃外的特殊症状,如氨氮中毒的病鱼鳃丝呈淡紫色,亚硝酸盐中毒的病鱼鳃丝呈深紫色甚至黑鳃。异沟虫在鲀形目鱼类鳃部寄生会出现鳃孔外挂链状黄绿色梭形卵的症状。

10. 肠炎

由于养殖动物患病时病鱼通常不食,往往会导致肠道内容物减少。某些细菌感染造成肠炎使肠道充血出血,肠壁的弹性变差,肠道内黏液增多。某些病毒感染如草鱼出血病病毒感染也会引发病鱼肠炎,但其与细菌性肠炎的区别是后者的肠壁弹性较好,但肠腔内有大量红细胞。肛门红肿外突(图2-23)可能是细菌性肠炎或病毒感染的征兆,有些情况病鱼还会排便异常。如鲑鳟鱼类感染传染性胰腺坏死病毒或传染性造血器官坏死病毒时,病鱼肛门常常拖有一条线状黏液便。一些寄生虫如六鞭毛虫的寄生也会引起病鱼肛门拖有透明黏液便。

第二节　水产动物疾病的检查流程

一、呼吸异常检查流程

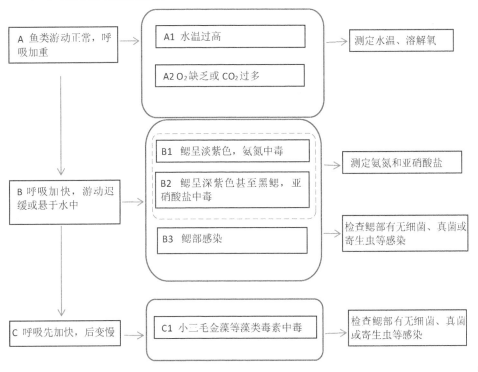

19

二、游动异常检查流程

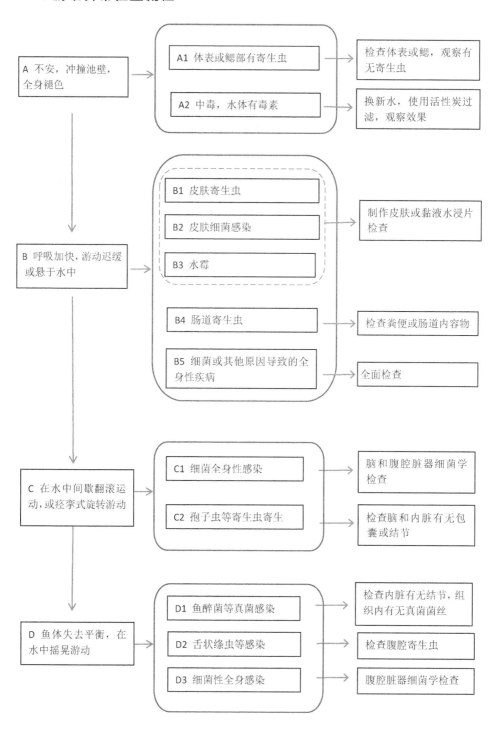

三、体色异常检查流程

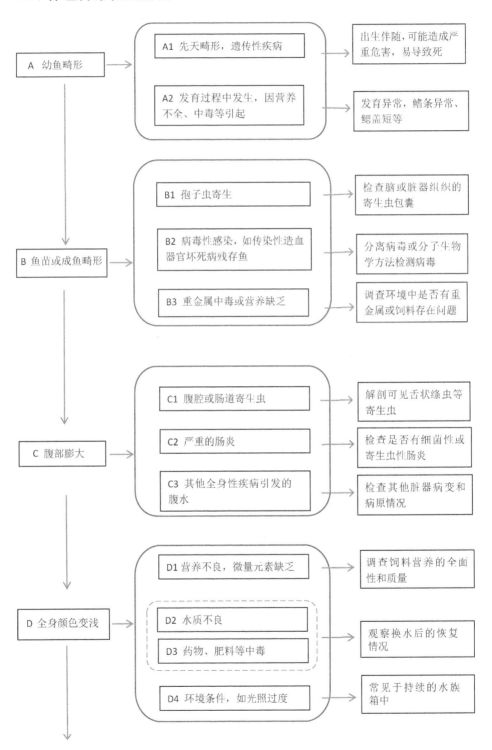

A 幼鱼畸形
- A1 先天畸形，遗传性疾病 → 出生伴随，可能造成严重危害，易导致死
- A2 发育过程中发生，因营养不全、中毒等引起 → 发育异常，鳍条异常、鳃盖短等

B 鱼苗或成鱼畸形
- B1 孢子虫寄生 → 检查脑或脏器组织的寄生虫包囊
- B2 病毒性感染，如传染性造血器官坏死病残存鱼 → 分离病毒或分子生物学方法检测病毒
- B3 重金属中毒或营养缺乏 → 调查环境中是否有重金属或饲料存在问题

C 腹部膨大
- C1 腹腔或肠道寄生虫 → 解剖可见舌状绦虫等寄生虫
- C2 严重的肠炎 → 检查是否有细菌性或寄生虫性肠炎
- C3 其他全身性疾病引发的腹水 → 检查其他脏器病变和病原情况

D 全身颜色变浅
- D1 营养不良，微量元素缺乏 → 调查饲料营养的全面性和质量
- D2 水质不良
- D3 药物、肥料等中毒 → 观察换水后的恢复情况
- D4 环境条件，如光照过度 → 常见于持续的水族箱中

第二章 水产动物疾病的临床症状与检查流程

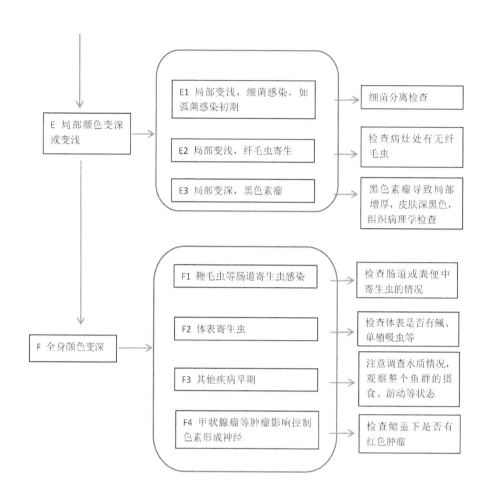

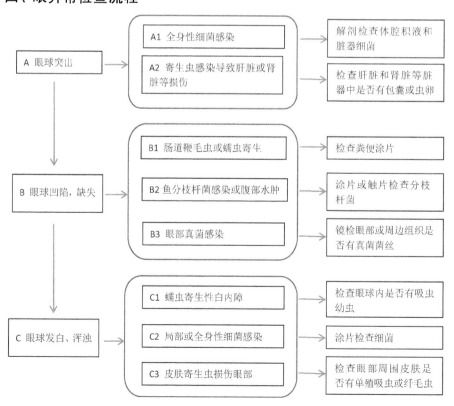

E 局部颜色变深或变浅

E1 局部变浅,细菌感染,如弧菌感染初期 → 细菌分离检查

E2 局部变浅,纤毛虫寄生 → 检查病灶处有无纤毛虫

E3 局部变深,黑色素瘤 → 黑色素瘤导致局部增厚,皮肤深黑色,组织病理学检查

F 全身颜色变深

F1 鞭毛虫等肠道寄生虫感染 → 检查肠道或粪便中寄生虫的情况

F2 体表寄生虫 → 检查体表是否有鲺、单殖吸虫等

F3 其他疾病早期 → 注意调查水质情况,观察整个鱼群的摄食、游动等状态

F4 甲状腺瘤等肿瘤影响控制色素形成神经 → 检查鳃盖下是否有红色肿瘤

四、眼异常检查流程

A 眼球突出

A1 全身性细菌感染 → 解剖检查体腔积液和脏器细菌

A2 寄生虫感染导致肝脏或肾脏等损伤 → 检查肝脏和肾脏等脏器中是否有包囊或虫卵

B 眼球凹陷,缺失

B1 肠道鞭毛虫或蠕虫寄生 → 检查粪便涂片

B2 鱼分枝杆菌感染或腹部水肿 → 涂片或触片检查分枝杆菌

B3 眼部真菌感染 → 镜检眼部或周边组织是否有真菌菌丝

C 眼球发白、浑浊

C1 蠕虫寄生性白内障 → 检查眼球内是否有吸虫幼虫

C2 局部或全身性细菌感染 → 涂片检查细菌

C3 皮肤寄生虫损伤眼部 → 检查眼部周围皮肤是否有单殖吸虫或纤毛虫

五、皮肤、鳞片和鳍条异常检查流程

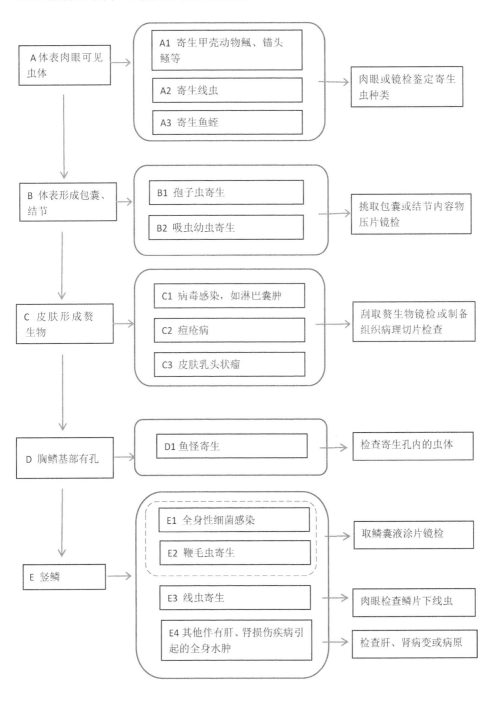

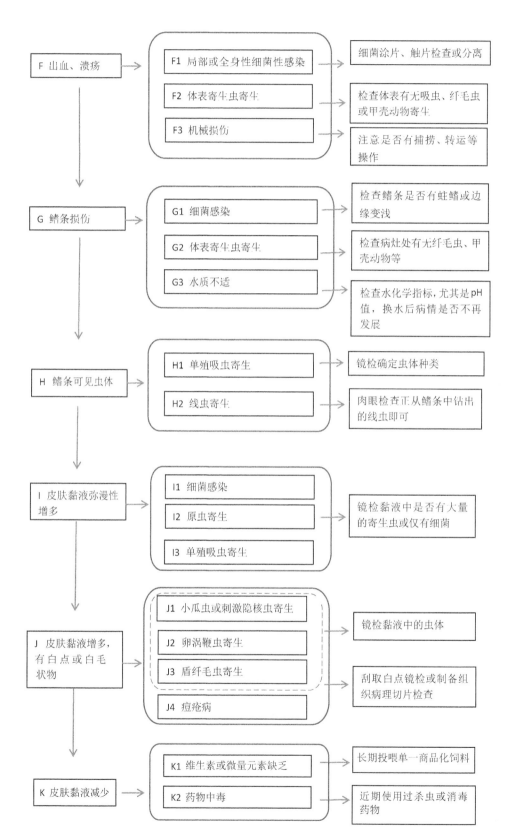

F 出血、溃疡

F1 局部或全身性细菌性感染 → 细菌涂片、触片检查或分离

F2 体表寄生虫寄生 → 检查体表有无吸虫、纤毛虫或甲壳动物寄生

F3 机械损伤 → 注意是否有捕捞、转运等操作

G 鳍条损伤

G1 细菌感染 → 检查鳍条是否有蛀鳍或边缘变浅

G2 体表寄生虫寄生 → 检查病灶处有无纤毛虫、甲壳动物等

G3 水质不适 → 检查水化学指标，尤其是 pH 值，换水后病情是否不再发展

H 鳍条可见虫体

H1 单殖吸虫寄生 → 镜检确定虫体种类

H2 线虫寄生 → 肉眼检查正从鳍条中钻出的线虫即可

I 皮肤黏液弥漫性增多

I1 细菌感染

I2 原虫寄生 → 镜检黏液中是否有大量的寄生虫或仅有细菌

I3 单殖吸虫寄生

J 皮肤黏液增多，有白点或白毛状物

J1 小瓜虫或刺激隐核虫寄生

J2 卵涡鞭虫寄生 → 镜检黏液中的虫体

J3 盾纤毛虫寄生

J4 痘疮病 → 刮取白点镜检或制备组织病理切片检查

K 皮肤黏液减少

K1 维生素或微量元素缺乏 → 长期投喂单一商品化饲料

K2 药物中毒 → 近期使用过杀虫或消毒药物

六、鳃盖和鳃异常检查流程

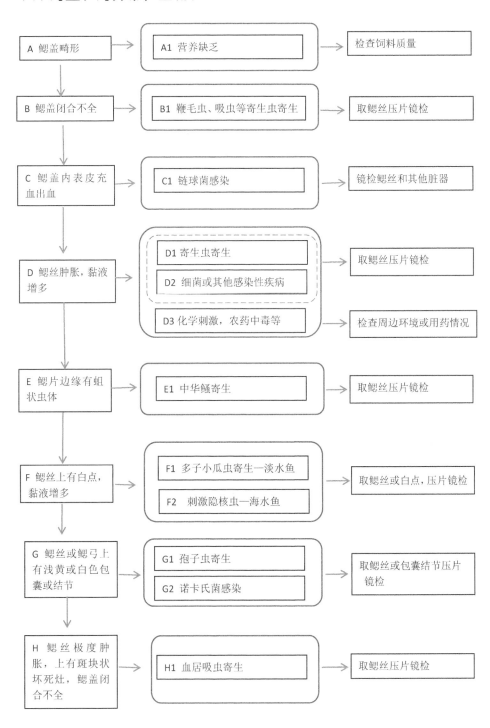

| A 鳃盖畸形 | A1 营养缺乏 | 检查饲料质量 |

| B 鳃盖闭合不全 | B1 鞭毛虫、吸虫等寄生虫寄生 | 取鳃丝压片镜检 |

| C 鳃盖内表皮充血出血 | C1 链球菌感染 | 镜检鳃丝和其他脏器 |

| D 鳃丝肿胀，黏液增多 | D1 寄生虫寄生 / D2 细菌或其他感染性疾病 | 取鳃丝压片镜检 |
| | D3 化学刺激，农药中毒等 | 检查周边环境或用药情况 |

| E 鳃片边缘有蛆状虫体 | E1 中华鳋寄生 | 取鳃丝压片镜检 |

| F 鳃丝上有白点，黏液增多 | F1 多子小瓜虫寄生—淡水鱼 / F2 刺激隐核虫—海水鱼 | 取鳃丝或白点，压片镜检 |

| G 鳃丝或鳃弓上有浅黄或白色包囊或结节 | G1 孢子虫寄生 / G2 诺卡氏菌感染 | 取鳃丝或包囊结节压片镜检 |

| H 鳃丝极度肿胀，上有斑块状坏死灶，鳃盖闭合不全 | H1 血居吸虫寄生 | 取鳃丝压片镜检 |

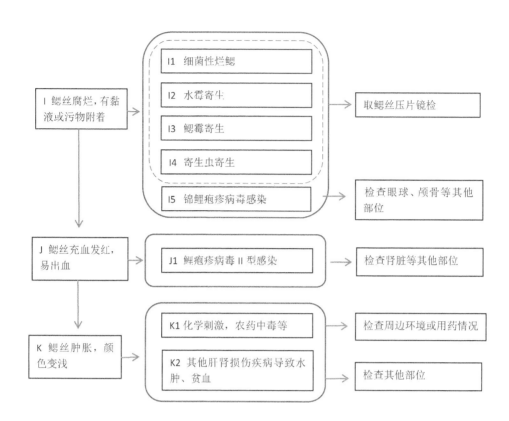

七、血液检查流程

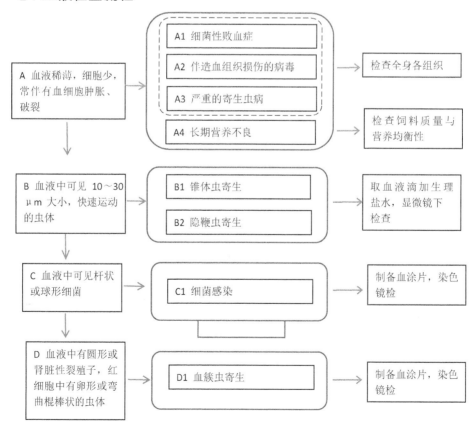

八、肝脏和胆囊检查流程

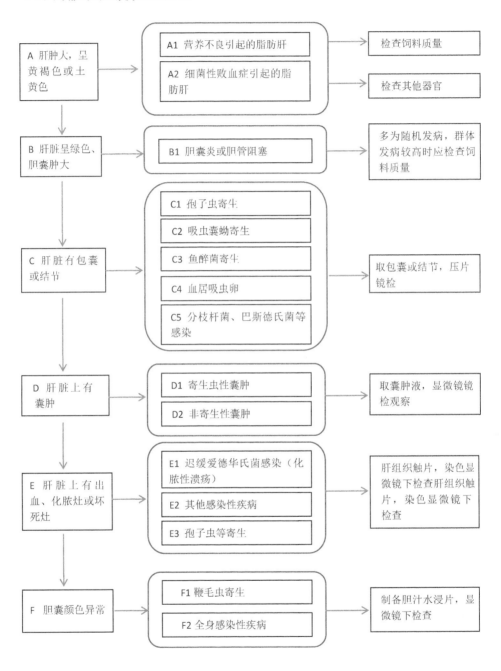

A 肝肿大，呈黄褐色或土黄色 → A1 营养不良引起的脂肪肝 → 检查饲料质量

A2 细菌性败血症引起的脂肪肝 → 检查其他器官

B 肝脏呈绿色、胆囊肿大 → B1 胆囊炎或胆管阻塞 → 多为随机发病，群体发病较高时应检查饲料质量

C 肝脏有包囊或结节 →
C1 孢子虫寄生
C2 吸虫囊蚴寄生
C3 鱼醉菌寄生
C4 血居吸虫卵
C5 分枝杆菌、巴斯德氏菌等感染
→ 取包囊或结节，压片镜检

D 肝脏上有囊肿 →
D1 寄生虫性囊肿
D2 非寄生性囊肿
→ 取囊肿液，显微镜镜检观察

E 肝脏上有出血、化脓灶或坏死灶 →
E1 迟缓爱德华氏菌感染（化脓性溃疡）
E2 其他感染性疾病
E3 孢子虫等寄生
→ 肝组织触片，染色显微镜下检查肝组织触片，染色显微镜下检查

F 胆囊颜色异常 →
F1 鞭毛虫寄生
F2 全身感染性疾病
→ 制备胆汁水浸片，显微镜下检查

九、脾脏检查流程

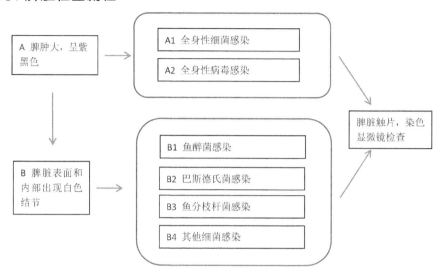

十、肾脏检查流程

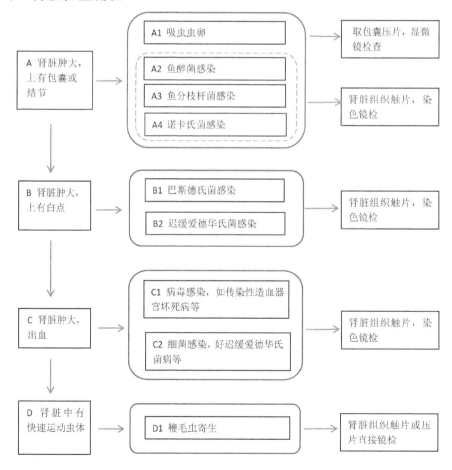

十一、肠道和粪便检查流程

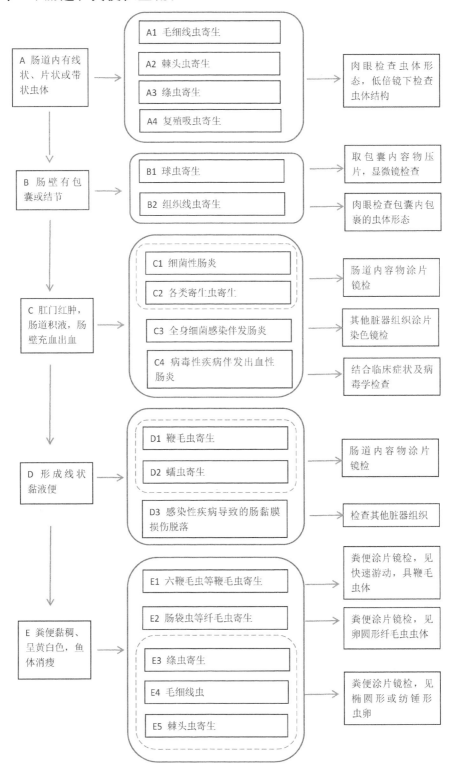

十二、肌肉检查流程

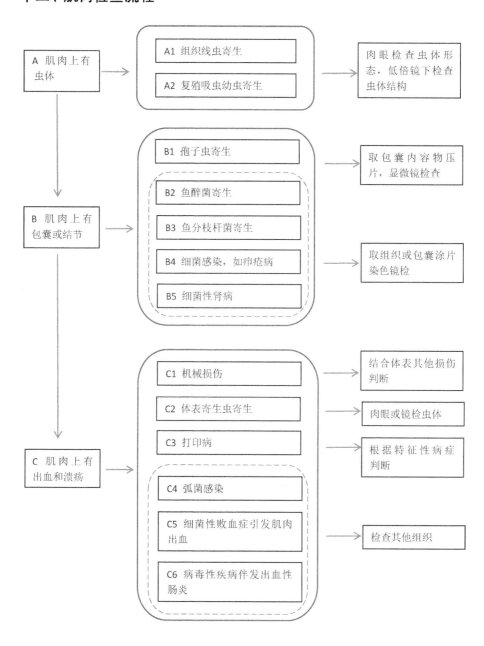

十三、脑的检查流程

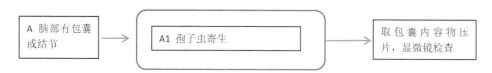

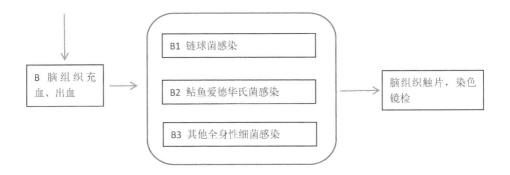

十四、包囊的检查流程

在水产动物疾病中,包囊是一种十分常见的病变,涉及较多病原、病因,可从皮肤、鳃、肌肉和各脏器组织中检出。

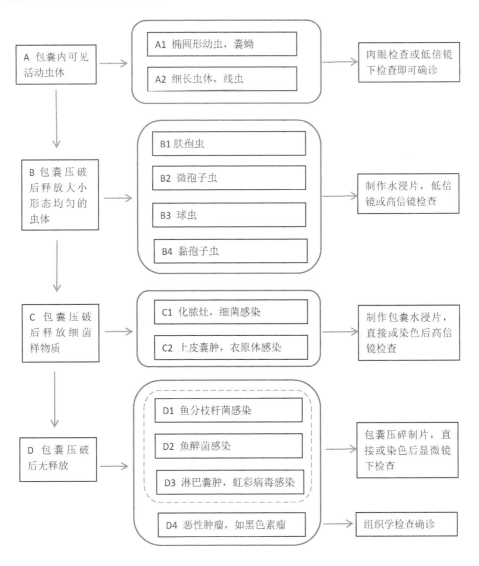

　　水产动物生活在水环境中,疾病的发生涉及宿主、环境和病原等多方面因素。在临床上应对上述三个方面的情况都进行考察,综合分析才能做出正确的诊断。在水产动物疾病的诊断实操中,可将上述三方面因素简化为对患病动物的检查(宿主及机体上的病原)和环境调查两部分。宿主的症状和病原的检出是最重要的诊断依据。本章以鱼为主要对象,介绍水产动物的临床剖检与病原检查,环境调查将在下一章进行介绍。

第一节　水产动物临床剖检

对患病动物进行细致的临床解剖检查(临床剖检)可以发现机体的病变特征,一些较大的特定病原也可在检查中被发现。很多时候,根据临床剖检结果就可对疾病进行预判或初步诊断。

一、临床剖检的检查方法

水产动物疾病的临床病例剖检主要通过目检法和镜检法两种方法进行。两种方法各有侧重,在临床诊断中常需将两种方法的结果结合起来分析,以得出准确的诊断结论。

(一) 目检法

目检法是通过肉眼直接观察患病动物寻找病状或病原的检查方法,也称肉眼检查。症状是目检法的主要依据,实际操作时要结合水产动物的生活习性、环境、生长阶段等具体情况进行分析。水产动物患病后会在患病部位形成一些特定的病变并表现出异常的生命活动,即病状,习惯上也称体征或症状。有些水产动物疾病的症状通过肉眼检查即可进行判定,如缺氧浮头,水霉感染或绦虫、线虫、棘头虫、鲺、锚头鳋、鱼怪等大型寄生虫性病原寄生等情况。有些时候,虽然病原或病因不是十分明显,如病毒、细菌等病原微生物感染时,肉眼是看不到的,但仍可根据患病动物的症状来进行初步的诊断,如竖鳞、肠炎、脏器组织充血发炎、脓肿、腐烂等病状多见于一些病毒性或细菌性疾病,寄生虫性疾病则常表现出黏液过多、出血、有点状或块状的胞囊等症状。

根据症状进行水产动物疾病诊断时,还需要特别注意两点:一是同一种疾病可能有多种症状,如细菌性败血症的病鱼可能出现竖鳞、肠炎、腹水、肌肉出血和肝脏肿大、贫血并伴有坏死斑点等诸多症状。另一种情况是多种疾病可能导致有相似症状,烂鳃可见于病毒(如锦鲤疱疹病毒Ⅲ型)感染,细菌(如柱状黄杆菌)感染,真菌(如鳃霉)感染,寄生虫(如车轮虫、指环虫)感染;缺氧和鳃部疾病都可能导致病鱼浮头;细菌和寄生虫感染以及营养性疾病导致病鱼竖鳞也属于此类情况。

(二) 镜检法

与目检法相比,镜检法主要用于小型病原的检查和病灶部位的组织结构观察。若患病动物未出现明显症状,病原较小或隐藏在寄主的器官组织内不易发现和辨别,则必须进一步通过镜检法来进行诊断。临床上,除少数症状特别典型的疾病外,肉眼检查后都应进行进一步的镜检检查来确定或排除某些可能病因,以获得准确的诊断结果。镜检法是用光学显微镜、解剖镜、放大镜等对患病动物进行检查的方法,比目检法更进一步。显微镜是临床诊断中使用最多的镜检工具,观察时应注意调暗视野并调高对比度,这样更易发现病原和病变。

不同病原大小不一。在各类病原生物中,病毒最小,需通过电子显微镜才能看到。细菌一般可使用光学显微镜观察,但不能单凭形态观察确定其种类,需要进行一系列的分离、培养以及感染试验等操作,通过细胞形态、培养特征、生理生化反应以及基因系统发育分析等结果才能确定其种类。寄生虫体积变化很大,小型寄生虫如鞭毛虫、孢子虫等需要使用高倍显微镜才能看清楚结构特征,比较大型的寄生虫如车轮虫、小瓜虫、三代虫、指环虫等,用放大倍数低的显微镜或解剖镜即可看清。体积更大的寄生虫如头槽绦虫、蠕虫、蛭类、软体动物幼虫、寄生甲壳动物等则可使用解剖镜观察。当病变组织较厚或包囊较硬时,可事先用两片厚度为 3~4 mm 的玻片(也可用载玻片替代)进行预压展。也可将要检查的器官、组织、黏液或肠道内容物等进行压展后用镊子、解剖针或微吸管等取出病原体或可疑病变组织,置于另一张载玻片上,再进行镜检。

在镜检时,需要选择合适的病变组织或样本进行检查。当患病动物个体较小时,可以进行整体镜检,但个体较大时,需要选取一部分病变部位组织进行检查。为提高检查效率并避免遗漏,可在每个病变部位或器官上选择三个以上的不同点进行检查。体表和鳃是水产动物发病的常见部位,一般作为显微镜检查的重点,即使没有明显病症也应进行检查。对病灶部位组织结构观察一般需要使用显微镜从低倍到高倍逐步观察,并与正常组织对照分析,寻找病变,同时也要注意检查是否有特定病原的存在。检查时可按照先从左向右,再从右向左的顺序依次检查,最终以"S"形路线观测整个玻片。一些已经从器官或组织上分离出的较大寄生虫可直接放在小玻璃皿或玻片上观察,其他待检组织样本或病原则需要进行适当压展,形成薄片后才能观察。通常是用小剪刀或镊子取出一小块组织或一小滴内含物,放在一片干净的载玻片上,滴入一小滴清水或生理盐水后盖上盖玻片,轻轻地压平后,先在低倍显微镜下检查,如发现有病原体或可疑现象则继续用高倍显微镜仔细观察。

二、临床剖检样本要求

（一）样本选择

选择适宜的样本进行病理剖检是获得准确诊断结果的前提和基础。水产动物疾病检查的样本选择要注意样本的代表性，并保证样本的鲜活性。

1. 代表性

水产动物群体数量大，有的个体可能患有群体主要疾病之外的其他疾病，有的疾病发展到后期时可能感染或并发其他疾病。选择剖检对象时要注意样本的代表性，选择症状典型且发病特征与其他患病动物相似的样本进行剖检。应特别注意避免选择症状特别严重的动物进行检查，此时样本很可能发展到病程末期或是感染了其他疾病，反而会掩盖主要病因，导致误诊。

2. 鲜活性

由于水产动物死亡后会迅速发生自溶和腐败而丧失一些典型的症状，动物体表或体内的病原体往往也会随着动物的死亡而掉落、死亡并很快腐烂、崩解。因此，必须选择活的患病动物作为检查对象。当确实难以获得活体患病样本时，可选择刚死亡的个体进行剖检，通常要求样本在夏季死亡时间不超过 1 h，冬季死亡时间不超过 3 h。

（二）样本数量

样本数量越多，代表性越好，但大量的样本也带来更大的工作量。选择适当的样本数量，可以在确保诊断准确性的基础上节省人力成本。样本数量应根据养殖面积、发病情况、剖检目的以及水产动物价值等因素综合确定。一般进行流行病学调查和疾病监测的样本数量要大于以疾病检测为目的的样本数量，因为后者的针对性更强。参考相关规范标准，结合临床实际，鱼病检查一般可以按表 3-1 标准确定样本数量。

表 3-1　鱼病检查取样数量

动物数量	取样量
>100 尾（只）	5%，最多取 30 尾（只）
≤100 尾（只）	5 尾（只）
难以获得	≥3 尾（只）

（三）样本处理

1. 样本的采集与记录

水产动物体表的病原体由于干燥会很快死去或崩解，有些症状也会因干燥而变得不明显甚至完全无法辨认,因此必须使待检样本保持湿润状态。活体动物样本最好使用原塘水装袋充气一起运回。如果遇到一些重要病例,又确实无法活体运回甚至没有合适的水桶或其他容器时,可用湿布或湿纸将样本包裹携带。

取得样本后应及时进行剖检,以免因患病动物死亡而影响检查结果。采集的样本在正式剖检前应做好记录,记录信息要准确,尽量完整。一般来说,记录的信息应包括样品编号、送检时间、样本种名、来源地点、养殖条件以及体长、重量、性别等内容。

2. 麻醉

由于水产动物的解剖检查通常是在活检条件下进行的,基于动物福利方面的要求,应在检查前对待检动物进行麻醉处理。麻醉处理同时也有助于剖检的进行以及症状的观察。不同动物对麻醉剂的反应不一样,麻醉时间需要根据动物种类和麻醉剂种类、浓度等具体确定。一般将待检动物置于含一定浓度麻醉剂的溶液中,待动物呼吸减慢,运动停止,抓出水面后不出现挣扎行为时,即可认为已进入麻醉状态。目前国内常用的麻醉剂主要是间氨基苯甲酸乙酯甲磺酸盐(MS-222),此外也有使用丁香酚、盐酸苯佐卡因、喹哪啶等药物进行麻醉的。

三、临床剖检程序

水产动物疾病的检查要有步骤地按程序进行,才能有效避免漏检或出现错误的结果。一般来说,水产动物临床剖检时,应坚持由表及里、从前到后的原则,先检查外部症状再进行解剖。以鱼为例,一般的检查顺序是先检查体表,再依次检查血液、鳃、内脏(腹腔、围心腔、脑),最后检查肌肉组织(图3-1)。

在临床解剖检查的过程中,应注意以下几点:

(1)避免相互污染 对不同动物甚至同一动物不同器官进行剖检时,应更换或清洗器械,以免相互污染。解剖检查时要特别注意避免弄破肠道、胆囊等器官,以免内容物流出沾染其他器官,无法查明病原体原来寄生的部位,从而影响对疾病诊断的准确性。

(2)合理使用检查方法 在检查过程中,对每一个器官、组织都要首先用肉眼仔细观察,当发现可能因病原体引起的病象(例如白点、溃烂等),而用肉眼又无法判定时,应进行进一步的镜检检查,将镜检结果与肉眼观察结果结合起来分析,相互印证以获得准确的诊断。当镜检后仍不能确定鉴别判断时,则应将其保存起来,进一步做病理检查。

(一)体表检查

体表检查的内容主要包括样本外观和暴露于体表的鳞片、皮肤、鳍条、眼等的检查。

外观检查应首先观察患病动物的体形、体色,再检查体表各部位有无充血、发炎、溃烂、粗糙、畸形、变色和大型寄生虫的情况以及黏液量的变化等。

1. 外观检查

先将待检动物放在盛有少量清水的解剖盘或盆里,注意观察鱼的体形、体色、肥满度、完整性、是否有赘生物等。首先观察受检动物的体形,注意有无畸形情况,通常重金属中毒、维生素缺乏和一些寄生虫感染时可能导致脊柱弯曲、鳃盖短等畸形症状;鱼类缺氧时可见口腔显著扩张,下颌前伸。接着检查受检动物的体态以及有无明显的体表异物,如营养性因素可致肥胖、消瘦,患细菌性败血症时常见眼球突出,腹部膨大或体表出血、溃烂(图 3-2);水霉感染时体表见絮状物;小瓜虫感染时体表可见白点病灶;嗜子宫线虫感染时鳍上可见长短不一,朝向组织外伸出的红色粗线状虫体;鲺和锚头鳋等体表大型寄生虫常导致体表出血;河蟹体表寄生固着类纤毛虫时全身发绿,严重时呈"长毛蟹"状(图 3-3)。

2. 皮肤检查

皮肤覆盖在动物体表,直接与外界接触,是动物抵御病毒、细菌、真菌、寄生虫等病原攻击的屏障,也是最容易被病原攻击的组织之一。皮肤在不同的疾病中可表现出不同的病变特征,是水产动物疾病临床检查的重点。水产动物尤其是鱼类皮肤上会分泌黏液作为抵抗感染的第一道防线,其中常可检查到多种病原,包括肉眼检查可见的病原体及其孢囊或症状,以及许多用肉眼看不见的病原体(不包括微生物性病原体)(图 3-4)如鱼波豆虫、隐鞭虫、黏孢子虫、小瓜虫、车轮虫、吸虫囊蚴等。

黏液检查时,首先应仔细观察及触摸待检样本皮肤黏液有无增多或减少,然后再制作黏液涂片进行病原微生物和寄生虫检查。当体表黏液增多时,可手摸到大量黏液蓄积,外观常呈云雾状或形成白色絮状物,在水中尤为明显;当黏液减少时则手摸触感粗糙,不光滑。当发现体表有包囊和结节时,应将其取下,置于载玻片上,滴加少量清水或生理盐水后盖上盖玻片,置于显微镜下观察。若结节较硬,则可先用小剪刀将其剪开或使用玻片压展后再行观察。

鱼鳍上往往也有不少病原体寄生。检查时应在光亮的地方把鳍拉开,仔细观察有无异样,例如发炎、充血、腐烂以及寄生虫寄生(如甲壳动物蛭类、单殖吸虫、线虫、软体动物幼虫、小瓜虫的囊泡、黏孢子虫胞囊等)。春季,鲫的尾鳍(有时在背鳍和臀鳍)上有时会看到许多线状的红色虫体,这就是鲫嗜子宫线虫;乌鳢的鳍上往往寄生着藤本嗜子宫线虫。将鳍条上的黏液刮下来放在载玻片上镜检,还可能会看到大量小瓜虫、斜管虫、车轮虫、口丝虫等病原体。

3. 眼的检查

眼睛作为暴露于外界环境的器官之一,可直接接触到各种病原或刺激因素引发病变,同时一些系统性疾病也常表现出眼部病变。常见的眼部病变有眼球突出、凹陷,眼球浑浊发白或脱落缺失,眼眶充血、出血等。如鲤感染嗜水气单胞菌时常出现眼球突出,眼眶充血;鲤感染疱疹病毒Ⅲ型时可见眼球凹陷;罗非鱼感染链球菌和鲢感染复口吸虫都可致眼球浑浊发白,呈白内障症状;鱼体长期缺乏维生素时常出现眼角膜水肿、模糊等症状。

(二) 血液检查

血液检查应在体表检查后、剖检开始前进行,以免因血液循环停滞无法采集血液或在解剖过程中造成污染影响检查结果。常用的血液检查方法主要有血细胞比容检测和血涂片检测,主要考察内容包括血细胞的数量、比例和形态变化以及血液中是否有病原微生物或血液寄生虫等变化。血细胞比容需要采集抗凝血于温室管或毛细玻管中,经离心后测定红细胞层占全血的体积比。在长期营养不良和一些有溶血或造血障碍的疾病如患虹鳟传染性造血器官坏死病和传染性鲑贫血症时,病鱼的红细胞比容会显著下降。血涂片检查可直接取血液制片检查(图3-5),也可经烘干固定后使用瑞氏染液、吉姆萨染液或迪夫快速染液染色后镜检观察(图3-6)。血涂片检查可发现血液中的细菌、真菌以及锥体虫、隐鞭虫等血液寄生原生动物。鱼类血液可从鳃动脉、尾静脉和心脏三个部位采集,其中尾静脉采血和心脏采血更为常见。鳃动脉采血时,先用剪刀将一边鳃盖剪去,再用镊子将鳃瓣掀起,右手用微吸管插入动脉或腹动脉吸取血液。鳃部采血操作要求较高,必须注意避免吸管与鳃瓣接触,否则会把寄生在鳃上的病原体带到血液里,导致对病原体寄生部位判断错误。

尾静脉采血(图3-7):将鱼麻醉后侧卧放置于解剖盘中,用干净的湿毛巾覆盖鱼体,露出尾柄部。用注射器自尾柄腹侧面向尾柄中部脊柱刺入,碰到脊柱后略后退,在脊柱周围轻微转动针尖并抽动注射器,发现血液进入注射器时停止转动针尖并继续抽取血液。尾静脉采血的鱼可以存活,经过一段时间后可再次采血。

心脏采血:将鱼麻醉后仰侧卧于解剖盘中,将注射器从鱼的胸鳍基部连线中间略偏左部位刺入,当感觉碰到心脏时即缓慢抽动注射器取出血液。此外,也可剖开体壁和围心腔,暴露心脏后,使用注射器或尖的微吸管插入心脏采集血液。心脏采血采集的血量较多,但鱼在采血后会死亡,为一次性采血。有的鱼尾静脉含血量较少,例如河鲀,可选择此法采血。

（三）鳃的检查

鳃作为水产动物最主要的呼吸器官,由于其可直接与环境中的病原微生物、寄生虫和化学刺激物接触,是水产动物最易受到损伤的器官之一。鳃的检查应在完成体表检查和血液检查后,内脏解剖检查前进行。检查时,应先观察鳃盖形态,再检查鳃腔有无寄生虫和其他病变,最后进行鳃丝检查。由于口咽腔位于鳃腔附近,口咽腔检查常与鳃腔检查合并进行。

鳃盖形态检查主要通过肉眼观察进行,要注意鳃盖有无缩短、上翘等畸形或出血溃烂等损伤情况,如鱼类维生素缺乏或中毒时常见鳃盖畸形;细菌性烂鳃时,鳃盖因内表皮腐蚀而呈"开天窗"症状;链球菌感染时,鳃盖内表皮出血发红。鳃腔检查主要注意是否有寄生虫、结节或出血、溃烂等病变,如刺激隐核虫和中华湖蛭(图3-8)都可寄生在鳃腔内,前者形成若干白色点状包囊,后者可见较大的蛭状虫体。

鳃丝是鳃部检查的重点,除肉眼观察外,还应制作水浸片检查(图3-9)。首先仔细观察鳃上有无肉眼可见的病变,如有无寄生虫及其孢囊,是否有充血、肿胀、坏死、花鳃等症状。当目检发现病变时,应对病变部位进一步制作水浸片检查,若目检未见明显病变则可从两侧的第一片鳃片上下两端附近剪取一小块进行观察,通常此处病原较多。制作水浸片时,不宜过厚过大,一般用小剪刀取一小块鳃组织(3～5根鳃丝)即可,将鳃丝置于滴有清水或生理盐水的载玻片上,用盖玻片轻轻压平展开,于显微镜下观察。

寄生虫和病原微生物感染常导致病鱼鳃出现黏液增多(图3-10)、发红或发白、鳃丝腐烂缺损等症状。鲤被鲤疱疹病毒Ⅲ型和鲤浮肿病毒感染后鳃丝严重坏死,鲫被鲤疱疹病毒Ⅱ型感染后鳃丝严重充血发红。鳃霉感染鲇鱼和黄颡鱼时,鳃丝缺血,黏液增多,上有出血点;感染鲤和大鳞鲃时,鳃丝基部淤血,末端缺血,呈典型"阴阳鳃"现象。当有鱼波豆虫、隐鞭虫、车轮虫、黏孢子虫、斜管虫、小瓜虫、指环虫、三代虫、血居吸虫、中华鳋等寄生虫寄生时,病鱼鳃上黏液增多,鳃丝肿胀而致鳃盖闭合不全。

（四）内脏器官检查

内脏检查主要看各内脏器官的大小、颜色、质地是否正常,有无充血、出血和溃烂等症状,以及有无寄生性病原的存在。根据所处位置不同,内脏器官可分为腹腔脏器和围心腔的心脏两部分,围心腔检查通常在腹腔脏器检查后进行。

1. 腹腔检查

鱼的腹腔包裹着肝胰腺、脾、鳔、肾、消化道、性腺和脂肪组织等器官和组织。鱼的腹腔解剖有多种不同的顺序,各有优缺点,为便于观察,避免各脏器中病原相互干扰和影响,建议按顺序解剖打开腹腔。将鱼麻醉后,侧卧放置于解剖盘中,用剪刀从泄殖腔前先横向剪开少许,将剪刀插入开口后向侧线方向朝前剪开一个弧形开口,到侧线下方后朝前剪至鳃盖后缘朝下,这样就打开体壁,充分暴露出一侧的腹腔器官。解剖过程中,应将剪刀尖略朝上挑,不可深入腹腔太多,以免破坏内脏尤其是肠道,导致内容物污染,影响观察。需要注意的是,如果需要进一步进行微生物学检查,则剖检过程应全程无菌,体表应先使用70％酒精消毒,解剖器械也应提前进行灭菌或消毒处理。腹腔暴露后,不要急于取出内脏,首先应原位观察腹腔内有无腹水和肉眼可见的寄生虫或包囊、结节样病变。腹水是腹腔中十分常见的病变,通常是由心脏、肝、肾病变或长期营养不良等因素导致腹膜毛细血管通透性增高引起的。如鲤春病毒感染时,鲤腹腔中出现严重的带血腹水;斑点叉尾鮰病毒可感染斑点叉尾鮰鱼苗,导致腹腔内出现大量淡黄色或淡红色腹水;嗜水气单胞菌可感染鲤、鲫、鲂、鲢、鳙、鲟等引起腹水。除肉眼观察外,还应对腹水进行制片,使用迪夫快速染液进行染色观察。当发现寄生虫或包囊、结节等病变时,需要进一步进行压片镜检,方法同鳃部包囊、结节检查方法。

腹腔检查结束后,用剪刀小心地从肛门和咽喉两处,把整条肠的两端剪断,轻轻地把整个内脏取出来放在解剖盘上,依次仔细检查各脏器的大小、颜色、质地,有无出血、溃疡等病变,同时注意肠壁、脂肪组织、肝、胆囊、脾、鳔等有无肉眼可见的病原体。腹腔中有时可见到肿瘤样结节,此时需要依赖组织病理学检查结果才可确诊。如果发现有白点可能是黏孢子虫或微孢子虫,还可发现线虫、绦虫、棘头虫等成虫和囊蚴。以下对各腹腔脏器分别进行介绍:

（1）肝胰腺、胆囊　鱼类的肝脏形态差异较大,一些鱼的肝脏形成了独立的器官结构,另一些鱼类的肝脏组织与胰腺组织混杂在一起,弥散分布于其他器官组织中,即肝胰腺,简称肝脏。肝脏检查应先观察其颜色、大小,注意有无肿胀、充血、出血、溃疡或坏死病灶,有无寄生虫、包囊、结节等。当疑似微生物感染时,应制作组织触片进行迪夫快速染液染色,显微镜下观察是否有细菌、真菌等微生物或寄生虫。

肝脏是许多微生物感染和营养性疾病的靶器官,常出现明显病变。如链球菌感染团头鲂和斑点叉尾鮰可致病鱼肝脏上出现明显出血;传染性造血器官坏死病病毒感染可导致虹鳟肝出血,后期贫血发白;孢子虫寄生时可在病鱼肝脏上形成包囊或结节,严重时导致肝脏组织成片坏死。养殖过程中投喂过度或长期投喂高碳水化合物或脂肪含量过高的饵料,可导致饲喂动物出现肝脏肿大、发黄、发白、变绿(图3-11)等脂肪肝甚至肝坏死的症状。

胆囊检查通常在肝脏检查时一并进行,主要观察其形态大小、颜色以及有无寄生虫等病变。肉眼观察后,小心将胆囊取出,不要把它弄破,以免胆汁溢出沾染其他器官影响观察,同时也可能导致病原体寄生部位的误判。最后可以取一滴胆汁制作涂片,染色后进行显微镜检查,观察是否有鞭毛虫、黏孢子虫、微孢子虫、复殖吸虫和绦虫幼虫等寄生虫病原。动物患肝脏疾病如鲤脂肪肝或患肝胆综合征时,常可见胆囊肿大。需要注意,动物胆囊状态与其生理状态关系密切,如长期饥饿也会导致胆囊肿大,因此胆囊状态判断最好有健康动物作为参照。

(2)脾　脾脏是鱼类的重要免疫器官,多呈狭长带状或椭球形,暗红或紫红色。脾的检查主要观察体积是否有变化,有无出血(图3-12)、贫血、结节等病变。如虹彩病毒或链球菌感染常导致病鱼脾脏肿大,诺卡氏菌感染可导致病鱼的脾脏出现白点或结节。肉眼检查后,应制备脾组织触片染色(图3-13)后进行显微镜检查,注意有无细菌等病原以及一些特征性病变如肿大细胞等的存在。

(3)鳔　鳔通常为充满气体的白色囊状结构,含血量较少。鲤春病毒感染时,患病鲤出现严重的鳔炎,鳔壁增厚,充血发红。鳙感染黏孢子虫时,病鱼鳔畸形,前鳔显著膨大,后鳔萎缩甚至消失(图3-14)。

(4)肾　鱼类的肾包括头肾和中肾两部分,头肾位于腹腔前端背侧、围心腔后,中肾则位于腹腔中后端背侧。肾的检查主要观察其大小、颜色变化以及有无结节或坏死病灶等。正常肾脏通常呈鲜红色,紧贴在脊柱下方(图3-15),当肾脏肿大时则易与脊柱剥离(图3-16)。肉眼检查后,同样应制作触片(图3-17)进行染色检查,注意观察有无细菌或锥体虫、黏孢子虫、球虫、微孢子虫等病原。

(5)消化道　消化道包括口、食管、胃、肠等。有的鱼如鲤,只形成一个膨大部没有分化出完整的胃。在临床上,消化道的检查主要指肠道检查。检查时,先肉眼观察肠道的充盈度、表面颜色、质地,以及有无白点或包囊、结节等病症。肠道内食物残渣和粪便的数量与分布情况可以反映受检动物的食性及近期的进食情况。肠壁充血发红则可能是病毒感染如草鱼出血病,也可能是细菌性肠炎所致;鲇鱼爱德华氏菌感染斑点叉尾鮰时可出现明显的肠黏膜出血,肛门红肿外突;迟缓爱德华氏菌感染牙鲆时可致其脱肛。肠壁上的白点可能是黏孢子虫或微孢子虫形成的包囊;球虫寄生时,可在病鱼肠道上形成溃疡和白色瘤状突起或结节。

肉眼检查后,对特定病灶继续解剖检查,若未发现特定病灶则从前肠(胃)、中肠和后肠三段上各取一点,用剪刀剪开一个小切口,检查肠壁的韧性以及肠道内容物的组成。一般细菌或寄生虫性肠炎时,病鱼肠壁充血发红,肠壁变薄易断,内有大量黏液。除细菌外,鱼的肠道中还常见鞭毛虫、孢子虫和纤毛虫等原生动物,以及复殖吸虫、线虫、绦虫、棘头虫等蠕虫的大量寄生。

(6)性腺 鱼类的性腺通常成对位于腹腔后端。性腺检查要注意其发育程度,未发育完全的性腺和脂肪组织比较相似,应注意区分。检查时,先目检性腺外表有无小的白点或一些较大的寄生虫。性腺上的小白点往往是微孢子虫寄生形成的包囊,如大眼鲷匹里虫寄生时,卵巢几乎完全被匹里虫取代;鱼怪和舌状绦虫等寄生时,病鱼的性腺不能发育成熟。

(7)脂肪组织 脂肪组织的病变相对较少,但在一些有严重血管损伤的疾病中也常见到脂肪组织的充血出血,如患草鱼出血病和虹鳟传染性造血组织坏死病的鱼体都可见肠系膜脂肪组织的出血。此外还应注意受检鱼的脂肪蓄积量的多少,脂肪蓄积过多往往是过度投喂或饲料能量水平过高导致的,病鱼往往有脂肪肝等病症。

2. 围心腔及心脏检查

鱼类的心脏位于胸鳍基部封闭的围心腔中。检查时,先在胸鳍基部前开一小口,再用剪刀剪开体壁肌肉,暴露围心腔和心脏。肉眼观察围心腔内有无粘连、积液等病变。鱼怪会在胸鳍基部形成一个寄生孔进入围心腔并在其内寄生;血居吸虫成虫则可寄生于心脏内。此外,一些小的血液寄生虫,如锥体虫、隐鞭虫和黏孢子虫等则可通过显微镜检查发现。

(五)脑组织

脑位于眼球和背部凸起中线处的颅腔中,是鱼类的神经中枢。剖检时可用尖锐的解剖刀或剪刀按水平方向,从后向前,在后脑和眼睛之间剪开头盖骨上壁,用吸管吸出颅腔中的淡灰色泡沫状的油脂物质,暴露灰白色的脑。检查时要注意观察脑的外观、体积及质地变化,有无黏孢子虫等寄生虫病原和充血、出血(图3-18)等病症。必要时取少量脑组织制作触片,染色后于光学显微镜下观察是否有细菌和寄生虫病原。

(六)肌肉检查

检查肌肉时,先要用解剖刀从鳃盖后缘体侧横向切开一条切口,再向后沿侧线向尾部划开肌肉,观察其颜色、质地,有无充血、出血(图3-19)、结节和坏死病灶等。也可沿切口上下两端朝后分别划出浅的切口,再用镊子夹住前端皮肤朝后剥开,这种方法更有利于检查皮下肌肉病变情况。在一些病毒病和细菌性感染形成的败血症中,常可见到肌肉出血。肌肉也是许多寄生虫如黏孢子虫、复殖吸虫和线虫等的寄生部位。

第二节　病原检查

在疾病临床诊断过程中,要注意进行有针对性的病原检查,确认是否有特定病原,从而综合分析病因,做出准确诊断。水产动物的病原包括病原微生物、寄生虫和敌害生物三种类型。其中病原微生物和寄生虫的检查通常与患病动物的临床剖检同时进行,当病原检查结果和病理剖检结果相互印证时,即可对病例做出进一步的诊断。本节主要介绍病原微生物和寄生虫的检查方法,敌害生物检查在下一章环境调查中介绍。

一、病原微生物检查

水产动物常见的病原微生物包括病毒、细菌、真菌等不同类别。从体积上看,病毒的体积最小,目检和一般显微镜检查是不能发现的,需对样品进行专门的分离培养后采用电子显微镜等专门设备才能观察。细菌体积介于病毒和真菌之间,虽然可以通过光学显微镜检查发现,但仍需通过细菌学方法才能准确的辨别和确定其病原体。真菌属于体积较大的微生物,一般通过显微镜检察就能做出初步判断,有些甚至可以形成有眼可见的菌丝,但要鉴定具体种类时,仍需进行分离和真菌学鉴定。

(一)病毒

当目检发现患病动物可能是由病毒致病时,可根据需要进一步采集标本进行病毒检查。病毒的分离、检查对实验设备和实验操作人员的技术水平要求较高,一般养殖单位和水产疾病诊治人员都不具备相关条件,在此仅做简单介绍。

病毒样本的采集应选择发病早期的动物,在无菌条件下进行操作以避免污染和病毒失活。不同病毒的靶器官不同,应选择带毒较多的器官组织进行采样。当不确定病毒种类和可能的靶器官时,可按习惯采集样本,如鱼通常可取鳃、肾、脾、肌肉等组织,进行病毒 PCR 检测。如需进行病毒分离培养,则应将样本匀浆、离心,取上清过细菌滤器后接种于敏感细胞系,在适宜条件下培养,观察其细胞病变效应。

（二）细菌

细菌性病原的检查可细分为两个层次,一是直接染色镜检,二是进行细菌分离检查。前者较为直观,适合对病例进行临床分析和判定,后者较为准确,是进一步的病原生物学研究和防治药物筛选的基础。

1. 染色镜检

染色镜检是指采集动物血液制作血涂片或组织触片,经固定、染色后置于显微镜下观察的方法。染色镜检属于原位检查方法,能直接反映检查样本或检查部位的细菌携带情况。通常以血涂片和内脏组织触片作为检查材料,血液样本的采集方法见上节血液检查,组织触片通常选择肝、肾、脾(图3-20)、脑进行。常用的染色试剂有瑞氏染液、吉姆萨染液或迪夫快速染液等商品化试剂,具体染色方法见附录。染色后应及时观察或封片后长期保存观察。血涂片和组织触片制作时需要注意使用洁净的载玻片并避免污染,同时避免制片过厚影响观察。

2. 分离检查

细菌分离通常选择病原含量相对丰富的部位进行。当有疖疮、脓肿等明显病灶时,应选取病灶部位进行分离;若无明显病灶或全身性感染,则可选择肝、脾、肾等部位进行分离。细菌分离过程中,除了严格无菌操作外,还应注意避免选择易被污染部位进行分离。如病鱼出现体表溃疡时,应选择溃疡边缘而不是病灶中心进行分离;当有脑部感染时,脑组织是理想的分离部位,因其不易被外界环境污染。

细菌分离(图3-21)时还应注意根据细菌分离培养的目的选择合适的培养基。一般分离柱状黄杆菌等贫营养细菌时要降低营养物质含量,链球菌等的分离则应考虑选用脑心浸液琼脂或血平板等富营养的培养基进行分离。海水动物细菌尤其是体表细菌分离时,应适当提高培养基中的盐度;怀疑弧菌感染时,可优先选用硫代硫酸盐柠檬酸盐胆盐蔗糖琼脂(TCBS)培养基。

细菌分离后,一般培养24～48 h后观察菌落形成情况。要注意从菌落的形态、大小、颜色等方面着手分析细菌的种类并从中找出优势菌。通常有明显优势菌落出现时可认为是细菌感染,若细菌种类很多很杂或者一群受检动物的细菌结果差异很大时,则可能是受检样本被污染或继发感染的结果。

（三）真菌

与细菌检查一样,真菌病原的检查也可采用染色镜检和分离检查两种方法。由于真菌的体积较大,取病灶组织不染色直接镜检观察也可以,但染色后观察效果更好。常用的真菌染色液有乳酸酚棉蓝染色液、吉姆萨染色液、PAS 染色液等。水霉寄生鱼体时会在体表形成肉眼可见的絮状增生物,显微镜下直接观察即可做出初步诊断。鳃霉则是组织内寄生,不形成肉眼可见的外菌丝,需经显微镜检查,找到弯弯曲曲有分支的菌丝才可做出初步诊断。对虾镰刀菌病和河蟹牛奶病等的病原更小一些,也需要显微镜检查做出初步诊断。

虽然真菌的形态可以通过镜检观察,但其鉴定依旧需要通过分离和纯化培养以及进一步的分子生物学方法检测来实现。真菌分离时,即可像细菌分离一样用接种环划线接种,也可切取鳃或肌肉等含菌丝的病灶部位,置于添加抗生素的酵母膏胨葡萄糖琼脂培养基(YPD)、沙氏葡萄糖琼脂培养基(SDA)或虎红培养基等真菌培养基上培养,带长出菌丝后再进行分离纯化得到真菌菌株。根据真菌生长速度不同,培养时间从 1 d 到 1 周不等。尽管添加抗生素有助于避免细菌污染,但分离培养操作仍应在无菌条件下进行,注意避免因样本污染和操作不当带来的细菌和其他真菌污染。

二、寄生虫检查

寄生虫是水产动物疾病临床检查中十分常见的病原类型。与微生物相比,寄生虫基本上都可以借助显微镜检查或通过肉眼观察发现和做出初步的鉴别。水产动物寄生虫种类多,大小和形态差异大,不同种类寄生虫的寄生部位和检查方法各有不同。以下按照寄生虫的大致分类对其检查方法简要介绍,各类寄生虫的特征与诊断和鉴别要点将在后面的案例分析中再行介绍。

(一)原虫

原虫是营寄生生活的单细胞动物,在水产动物寄生虫中是体积最小的类别。除少数群体生活的种类如聚缩虫等,原虫一般不在寄主体表或体内形成肉眼可见的寄生物。因此,原虫不能直接通过肉眼检查来进行观察和诊断,需要借助显微镜检察等辅助手段进行。

虽然不形成明显的寄生物,但原虫寄生达到一定数量后,水产动物都会表现出特定症状,如体表和皮肤黏液增多、形成包囊或结节,血液寄生虫原虫如锥体虫则主要表现为生长不良和昏睡等症状。此时需要采集血液或病变部位的黏液、包囊等制作水浸片或染色后镜检观察。多数原虫如鞭毛虫、纤毛虫等会有明显而剧烈的运动,比较容易观察;孢子虫虽然不能运动,但比较容易形成包囊或结节,检查时需要将包囊压碎,由于病灶内虫体的数量和密度很大,杂质较少,也较容易观察。如果在疾病诊断时不具备检查条件(如现场没有电源或显微镜),则可将患病动物或病样用70%酒精或4%～5%的甲醛溶液浸泡保存,送回实验室或检测机构检查。需要注意的是,当虫体死亡或经固定后则必须经过特定染色,显示出虫体才好辨认。

（二）吸虫

水产动物的寄生吸虫包括单殖吸虫和复殖吸虫两大类。单殖吸虫生活史较简单,不需要更换寄主,主要寄生在鱼的鳃上,有些种类如三代虫同时也可寄生于体表。单殖吸虫的成虫较大,一般用肉眼或借助放大镜就可发现,当检查幼虫或需要比较准确的鉴定种类时,需要使用显微镜仔细检查。采集单殖吸虫标本时,可将整个鳃或部分鳃片取出用4%～5%甲醛固定保存。鱼苗体表寄生单殖吸虫时,可用同样的方法将鱼苗整体固定。

复殖吸虫生活史比较复杂,其幼虫和成虫阶段的寄主不同,检查时要注意采用合适的方法进行。例如,血居吸虫寄生于鲤、鲂、鲢、鳙等的血液中,检查时要注意检查心脏等处血液中的片状成虫以及鳃部血管中的椭圆形未成熟虫卵和橘子瓣形的成熟虫卵;双穴吸虫的囊蚴寄生于鱼的眼球,导致水晶体浑浊发白,应仔细检查其中是否有形状大小与芝麻相似的虫体;侧殖吸虫的成虫寄生于鱼的肠道中,应仔细检查肠道尤其前肠是否有大量的片状虫体。采集复殖吸虫标本时,应注意使虫体处于伸展状态。一般对较大的复殖吸虫可采用玻片压展的方法固定虫体,再用70%的酒精固定10～12 h待虫体硬化后于长期保存于70%酒精中。较小的复殖吸虫则可使用盖玻片轻轻压展,用酒精固定0.5～1.0 h后转移至新的70%酒精中长期保存。

（三）绦虫、线虫、棘头虫

大多数绦虫是肠道寄生虫,如鲤蠢绦虫、九江头槽绦虫等,也有一些绦虫寄生在其他部位,如舌状绦虫的裂头蚴就寄生在鱼的腹腔中。绦虫大小差别很大,但都可以通过目检发现和做出初步诊断。当需要进一步鉴定时,则需要仔细观察其头节以及体节生殖系统等的结构特征。与复殖吸虫一样,绦虫标本采集可以使用70%酒精固定保存,保存前应使虫体呈舒展状态。

寄生线虫可分为肠道寄生种(如毛细线虫)和组织寄生种(如嗜子宫线虫)两大类。毛细线虫较小(雄虫长1～4 mm,雌虫长5～10 mm)肉眼检查时容易漏检,最好用解剖刀或剪刀刮下肠道内容物和黏液,置于载玻片上,滴加少量清水,压片解剖镜或低倍镜检查。嗜子宫线虫一般只在繁殖季节容易见到,仔细检查鳞片下或鳍条中是否有红色线状虫体。线虫标本采集时,应先将虫体放入生理盐水中漂洗,去除污物,然后使用

70％的热酒精固定,待冷却后再用5％～10％的甘油酒精保存。

棘头虫主要寄生于肠道中,检查时剖开肠道即可看到。标本采集时要注意使吻部伸出,通常可将虫体置于蒸馏水中,待针刺无反应时,再用70％酒精固定保存。

(四) 甲壳动物

甲壳动物寄生以外寄生为主,如鲺、锚头鳋寄生于鱼的体表,中华鳋寄生于鳃上。也有组织内寄生的,如鱼怪在寄主胸鳍基部钻孔寄生,河蟹体内有检出等足类寄生虫的报道。寄生甲壳动物虫体较大,一般肉眼可见并可做出诊断。甲壳动物标本可使用4％～5％的甲醛或70％的酒精固定保存,采集时应注意虫体的完整性。

第四章
现场调查分析

　　水产动物生活在水环境中,其健康状况受到环境因素的直接影响。环境条件既是水产动物疾病发生的重要原因,也是许多疾病发生和发展的基本条件。此外,水产动物疾病的临床表现包括疾病的发生、发展过程,以及饲养管理状况等,这些信息不仅可以提示诊断线索,辅助诊断,有时甚至能直接得出正确的诊断结论,是水产动物疾病诊断不可或缺的环节之一。以上信息都属于养殖现场的信息,需要通过现场调查来获取。概括来说,现场调查主要包括养殖环境、饲养管理以及发病情况三个方面的内容。

第一节　养殖环境

广义的养殖环境包括养殖水体的外环境和内环境。外环境是养殖水体大环境,内环境则是养殖水体的具体水质指标。内环境是水产动物的生活环境,直接影响水产动物的健康状况,外环境直接影响和决定着养殖内环境,间接影响水产动物的健康状况。

一、外环境

(一)水体周围环境

周围环境调查应重点关注是否有影响水质或导致养殖动物发病的因素,通常包括水源情况,养殖水体是来自于河流、湖泊、水库排水,还是井水等,水源里有无养殖水产动物等。同时,要调查水体周围有无矿山、工厂,是否可能有污(废)水排放,这些污(废)水是否经过处理后排放,或有无农田施放农药、化肥等情况。此外,还应关注周边环境里是否有一些疾病发生和传播的生物因素,如敌害生物、某些寄生虫的终末寄主或中间寄主,如鸟类和螺等。

最后,还应关注水体的养殖历史,是新建还是老旧养殖场地。一般新建场地很少发生病毒性、细菌性和寄生虫性等生物性疾病,但容易发生由重金属中毒等因素引起的弯体病,而有多年养殖历史的水体则很少发生此类疾病,更易发生各种病原生物引起的疾病。

(二)养殖水体的基本条件

养殖水体的基本条件包括养殖水体(设施)的形状、面积、深度、底质沉积物,以及养殖模式等因素。不同的养殖模式如传统开放式养殖或循环水养殖,前者容易发生外界病原引入导致的疾病,后者则更易发生因水质变化导致的疾病。一般养殖水体(设施)形状不规则时,不便于饲养管理,尤其容易出现用药时水体计算不准的情况,在用药后产生问题时应考虑此因素。当水体面积过小或深度太浅时,水体的水温和各项指标可能变化过快,使养殖动物处于应激状态,影响动物的摄食和生长,降低其对疾病的抵抗力。而当水体较深时,应考虑对流层的形成,导致局部缺氧,池底残饵粪便等沉积物较多时,易滋生病原生物并恶化水质,引发疾病。

二、内环境

水体物理化学因素和水中浮游生物组成（种类、数量）等都属于水体内环境范畴。常见的水体物理化学因素包括水温、水色与透明度、pH 值、溶解氧、氨氮、亚硝酸盐、重金属等。

（一）水温

水温的高低直接影响水产动物的存活和生长。不同动物对水温具有不同的适应性，即使同一物种在不同的发育阶段，对水温的要求也不同。水温不仅影响养殖水体水质状况，还影响养殖品种的生长发育，尤其是温度急剧变化的情况，会导致养殖品种发生应激现象，使其生理功能紊乱、行为失常甚至死亡。许多疾病的发生及流行情况也与温度有着密切的关联，如草鱼出血病主要流行于 6—9 月、水温在 27 ℃以上时，但当水温降至 20 ℃以下时，病情便会逐渐消失。斜管虫病多发于 12～18 ℃的低水温条件下。

水温测量通常采用水银或酒精摄氏温度计进行。测量时应注意不要让温度计离开水面，以防温度计上的水分蒸发散热，导致结果出现误差。现在水产养殖用品市场上有内置温度计的采水器，可以很方便地采集和观测指定部位水体的温度。

（二）水色及透明度

光线的折射使水体呈现出不同的颜色，也就是养殖水体的水色。水体水色受浮游生物、浮游植物、周围环境、溶解物质、底质等综合因素的影响。水色的变化则是水体浮游生物尤其是藻类更替、分布规律的直接反映。水体钙质含量也会影响水色，一般钙质多时水呈天青色。当水中微囊藻多时，水呈蓝绿色；绿藻多时水呈绿色；浮游动物如轮虫类、枝角类多时，水体常呈乳白色，聚集枝角类的局部水体呈红色。在水产养殖中，良好的水色通常意味着稳定的水质和较高的溶解氧，可有效降低水中的有毒有害物质。

透明度是指水体的透光性能及对光线的散射、吸收程度。水体透明度既与水中浮游生物的数量有关，又与其中携带的泥沙、碎屑情况有关。在水产养殖中可通过肉眼观察水色、透明度的变化判断水质的优劣、肥瘦情况。当水体泥沙、碎屑含量很高时，水体透明度低，会直接影响浮游生物的生长以及浮游植物的光合作用，从而影响水体溶解氧水平。在泥沙、碎屑含量少的水体中，如果透明度很高，表明水中浮游生物数量少，通常不利于水产动物生长。水体透明度的测定仪器通常选用透明度盘（塞氏盘）。

（三）pH 值

pH 值的高低取决于游离氢离子的浓度，用来表示水体为酸性、碱性或中性的一种水体指标。pH 值为 7 时表示水体为中性,高于 7 为碱性,低于 7 为酸性。硝化作用、反硝化作用、呼吸作用、植物代谢以及水体的搅动、充气等都会引起 pH 值的变化;水体遭到污染(有机酸、矿物质盐、重金属等)更是会对 pH 值产生严重的影响。不同的养殖品种对 pH 值的要求也不同,保持其适宜的酸碱平衡至关重要。过低的水体 pH 值会刺激水产动物的鳃和皮肤产生过多黏液,同时增加细菌感染的概率。过高的 pH 值则会导致碱中毒,尤其对一些嗜酸鱼更加明显,主要会造成鳃和鳍条损伤。高 pH 值的另一个影响是会增加水体氨氮对水产动物的毒性。

通常采用以下三种方式测定 pH 值:

(1)电动酸度计测定　利用复合电极放入水样中,通电后立即显示酸碱度的数据。此测定方法操作简便,结果较准确,缺点是设备购置费用相对较高。

(2)pH 试纸测定　测定时将纸片浸入所要待测水体中半分钟,纸上显出一定的颜色,再与标准颜色相比,确定 pH 值。这种方法操作简便,但存在人为误差,测得的结果并不精确。

(3)比色试剂盒测定　利用各种指示剂加入水中以后,因氢离子浓度不同,产生各种不同的颜色,这些颜色反应是一定的。因此,从颜色的不同,再与标准的颜色相比较,以测得水的酸碱度。目前已有商品化的比色试剂盒可供购买使用。这种方法操作简便、直观,结果较 pH 试纸准确,是生产实践中的常用方法(图 4 - 1、图 4 - 2)。

(四)氨氮

氨氮是指水中以游离氨(分子氨,NH_3)形式和铵离子(NH_4^+)形式存在的化合氮。氨氮主要来源于人为养殖过程中投入的残饵、粪便等含氮有机物直接分解形成,或在缺氧状态下通过细菌的反硝化作用产生。两种状态中,游离的分子氨毒性很强,可直接损伤水产动物鳃组织,破坏体内的离子平衡系统,导致动物肌肉痉挛、游动异常,严重时可导致动物死亡。

养殖水体中,分子氨和铵离子可相互转换,pH 值是影响转换方向的关键因素,低pH 值时,氨氮主要以离子态的铵离子为主,pH 值越高,分子氨浓度越大。因此,高 pH 值时更应注意氨氮监测。目前已有商品化的氨氮比色测试试剂盒可供购买使用,操作方法简便,在生产实践中较为常用。

(五)亚硝酸盐

亚硝酸盐是指水体中亚硝酸根($NO2^-$)的浓度,通常是硝化细菌将氨转化为硝酸盐过程中的中间产物。亚硝酸盐对水产动物尤其是具有红细胞的脊椎动物毒性较大,可破坏红细胞,影响血红蛋白的携氧能力。亚硝酸盐中毒可致养殖动物缺氧,活动减弱,肝脏严重损伤,甚至死亡。

养殖水体中亚硝酸盐累积的根本原因是亚硝化作用超过硝化作用,具体来说有以下几方面因素:一是投喂过多,残饵粪便堆积,细菌的不完全分解产生大量亚硝酸盐;二是温度变化或不当消毒等使硝化细菌的活性或数量下降;三是各种因素导致的水体溶解氧下降,影响了细菌的硝化作用。目前,生产上养殖水体亚硝酸盐一般也采用商品化的比色试剂盒进行检测。

(六)溶解氧

水体溶解氧既直接供给养殖动物生活需要,也是饵料生物生长所必需的。此外,水中充足的溶解氧也是氨氮迅速转化为硝酸盐,减少中间产物亚硝酸盐含量过高的必要条件。溶解氧较低时,直接影响水产动物摄食和代谢、生长,并通过影响饵料生物和水质条件来影响动物健康。严重缺氧时,可直接导致水产动物浮头,甚至泛池、窒息。

水中溶解氧主要来源于水生浮游植物的光合作用,空气中氧的溶入只是少量辅助补充。水体中溶解氧含量还会受到很多因素如天气、温度、水体中养殖动物数量等的影响。溶解氧的测定可使用化学检测方法——碘量法进行,该法准确度高,但操作较烦琐,耗时长且不便于现场操作。使用便携式溶解氧测定仪是目前最常用的现场测定方法,此方法操作简便、测定结果准确、稳定。检测过程中需要注意的是仪器的稳定性和仪器操作的规范性。此外还可采用商品化的比色试剂盒进行检测。

(七)重金属

水环境中重金属的来源主要有两种情况,一是水体和底泥中原本沉积的重金属,多见于新开挖建设的养殖场地;二是周围环境污染带入,如工业废水、生活污水、肥料农药等造成的水体重金属污染。水产动物重金属污染主要有鳃呼吸和体表与水体渗透交换吸收、摄食饵料摄入等途径。重金属一旦进入体内,很难被分解排出体外,只能长期残存并富集在体内,最终导致水产动物畸形或发育不良。此外,水产动物体内重金属的富集,也是重要的食品安全问题,严重威胁人们的生命健康。

目前常见的水体重金属污染物有铅、镉、汞、砷、铜、锰等,现场调查一般会使用便携的仪器进行测定,也有部分重金属的测定有商品化的测定试剂盒可供使用。

(八)浮游生物

水体浮游生物既是水产动物的饵料来源,也是水中溶解氧的主要来源和重要影响因素,是评价水体质量的重要指标。当水体浮游植物大量繁殖时,易引发气泡病,且容易突然大量死亡即倒藻,导致水体缺氧和水质突然恶化。浮游动物既摄食部分浮游植物,也消耗水体溶解氧,当其大量繁殖时,极易导致水体清瘦和溶解氧缺乏。同时,有些浮游植物会产生毒素,对水产动物有害,如小三毛金藻、铜绿微囊藻等。有些浮游动物如剑水蚤是头槽绦虫和舌状绦虫的中间寄主,桡足类是水产苗种尤其是海参苗种的主要敌害生物。

浮游生物的调查既是水产动物疾病诊断的需要,也是水体生产力评估的需要。调查时需要确定浮游植物和浮游动物的优势种类及丰度,有无有害藻类或水产苗种的敌害生物。有经验的人员可以通过水色判断水体中浮游生物的大致情况,但其具体组成需要通过采样、富集和显微镜检查才可确认。

(九) 其他因素

除了上述因素外,水体的碱度、硬度、盐度等也与水产动物的生长和疾病发生有密切关系,应予以关注。如刺参养殖过程中,大量降水或参圈表面冰层快速融化会导致盐度下降,引起刺参化皮。碱度决定水体的缓冲能力,在高密度养殖中尤其需要关注,以免水体 pH 值的快速波动。硬度是水体中钙、镁离子的总量,在甲壳动物养殖中需要特别关注硬度,硬度较低时养殖的虾、蟹易缺钙,发生软壳病或蜕壳不遂。

水体的盐度可采用盐度计或比重计测定。碱度和硬度在生产上可采用商品化的"水质快速检测盒"进行快速测定。

第二节　饲养管理

除前面所述外,饲养管理好坏也是引起水产动物疾病发生的重要因素之一。饲养管理做得好,可减少甚至避免水产动物疾病的发生,但若忽略或放松这方面的工作,即便有好的防治药物和措施,也难以很好地控制疾病的发生和发展。有些时候,饲养管理不当甚至可能是水产动物疾病发生的直接原因。因此,做好饲养管理调查也是进行疾病诊断所必需的。饲养管理调查应包括以下几个方面。

一、苗种来源及放养前准备工作

调查苗种来源,是来自外购还是自繁自养所得;所购苗种是否经过检疫,苗种场或其所在区域近期有无发病情况,同批次或通常苗种有无相同或相似的发病情况。

此外,还应调查苗种的运输途径,判断病原体是否由此携带而来,或者因运输不当导致苗种受伤、感染;放养前是否对苗种和养殖设施进行消毒,消毒所用药物的种类、用法、用量等。如果是池塘养殖则应调查有无清塘、清淤或其间隔时间,以及具体的清塘方法,判断是否由于清塘不彻底而导致疾病的发生。

二、养殖模式

许多疾病的发生与养殖模式直接相关,如一些鱼类蠕虫寄生疾病在室外开放池塘养殖条件下易发,在室内养殖时则很少发生,对虾白斑综合征在室内养殖条件的发病率也远低于室外土池塘养殖,其主要原因就是隔断了传染源。

养殖密度与种类搭配情况也会对疾病发生造成影响,密度过大会导致摄食不足,甚至发生缺氧现象,使养殖品种因拥挤发生碰撞导致机械性损伤,抵抗力下降。所以要调查了解放养量,明确放养规格,若是混养模式,还要调查其搭配的养殖种类和比例。

三、日常管理工作

严格的日常管理可极大程度地降低疾病的发生,因此当疾病发生时,要调查是否在日常管理中出现了纰漏。肠道疾病是最常见的因日常管理不当引发的疾病之一。饵料营养不均衡,酸败变质、不新鲜,以及饵料投喂不遵循"四定"原则(定时、定点、定质、定量),投喂过程中不能仔细观察动物的状态等都可能引发肠道疾病。投喂太多,会导致残饵粪便堆积,引起水质恶化,影响水产动物的体质和抗病力,甚至引起水体缺氧,导致泛池;投喂太少则会影响动物生长,大小不一,甚至会引起"跑马病"等疾病。笔者曾诊断过1例美国红鱼持续死亡的案例,其原因则是美国红鱼抢食凶猛,体质健壮的鱼苗抢食大量粒径较大的硬颗粒饲料,不能消化导致胃膨大而死亡。诊断后建议技术员将硬颗粒饲料简单浸泡软化再投喂即不再死亡。

除肠道疾病外,由于运输、拉网和其他操作不小心等导致水产动物体表损伤、鳞片脱落以及其继发感染也是常见问题。如河鲀纤毛虫病的发生通常与冬季低温投喂较少和体表受伤有关,快速大量换水或体表损伤常是淡水鱼小瓜虫病发生的诱因。刺参苗种培育期间化皮病主要就是由于操作不规范,刺参苗种体表损伤后继发细菌感染引起的化皮。此外,养殖过程的工具消毒,发病动物的治疗、隔离情况,病死动物的无害化处理情况等都是可能引发疾病或导致疾病扩散的重要因素,应注意调查分析。

第三节　发病情况

每种疾病都有其独特的发生、发展过程和临床表现,仔细调查水产动物的发病情况有助于分析可能的病因,辅助做出正确的诊断。发病情况的调查主要涉及以下内容。

一、发病动物的种类

水体中发病动物的种类,是单一物种发病,还是多种动物同时发病,多种动物发病时其症状有无相似性。此外,还应关注疾病的发生与动物的大小和发育阶段是否有关。

二、疾病的发生、发展情况

疾病是呈暴发性发生还是持续零星发生,是突然发生并伴随大量死亡,还是逐渐加重;疾病发生后,有无向周围水体扩散的现象;此前是否有发生过类似疾病或其他特殊现象;疾病发生是否与饲养管理有关,疾病发生前有无引入新的动物,有无用药、换水、消毒、分池、转运或更换饲料等操作。

三、采取过的措施和效果

在此之前是否存在发病情况,病情的发展过程如何,与本次病情有何异同,发病后采取了什么治疗措施,效果如何等。治疗措施应详细了解,包括是否换水、调水,减少饵料投喂或投喂药饵,是否使用药物以及药物的成分、用量、给药方式等都需要逐一调查。

第四节　现场调查结果的分析与应用

总之,在疾病临床诊断中应综合分析现场调查获取的各项信息,找出可能的病因或诱因,并结合临床剖检和病原生物检查结果进行判断。当存在多种病因或诱因时,应判断各种情况的可能性大小,必要时可进行进一步的实验室诊断。以下简单列举一些疾病特征及对应的诊断分析和判断思路。

通常在诊断过程中,应注意分析寻找特征性的线索,对诊断方向作出判断,然后再仔细检查、分析求证。若短时间出现大量死亡或多种动物同时发病,则应多考虑水质恶化、缺氧和药物或藻类中毒。采取适当的措施后能很快缓解症状则多为环境因素引起的。当仅有部分动物发病时,应多考虑病原生物引起的疾病。当出现浮头等缺氧症状时,有限考虑水体溶解氧问题,同时做好鳃的检查。当有体表损伤时,多考虑饲养管理操作不当因素,同时考虑体表寄生虫寄生造成损伤的可能性。当动物生长缓慢、消瘦贫血时,应考虑长期营养不良和寄生虫寄生的可能性,尤其注意不能忽略血液寄生虫病的可能。幼龄草鱼出现严重的肌肉、肠道或内脏出血时,应多考虑病毒性草鱼出血病的可能。罗非鱼出现鳃盖内侧和脏器出血、鳃贫血、剧烈肠炎时,应考虑链球菌感染的可能性。

此外,当敏感动物在疾病流行地区和流行季节发病时应重点考虑该病。相反的情况是,当缺乏某些必要的发病条件时,则应直接排除其可能性。如在发生过锦鲤疱疹病毒病地区的锦鲤和鲤出现烂鳃、突眼、颅骨凹凸不平等症状时,可初步判断为锦鲤疱疹病毒病;在暴发河蟹牛奶病(二尖梅奇酵母感染)的辽宁等地发现河蟹出现牛奶样液化时,应首先考虑二尖梅奇酵母感染可能。反之,如锥体虫寄生需要尺蠖鱼蛭作为传播媒介,环境中若未发现鱼蛭则可直接排除其可能性;血居吸虫寄生需要螺作为中间寄主,如环境调查时没有发现螺,则可排除血居吸虫可能;同样,虹鳟传染性造血器官坏死病在 15 ℃以上没有自然病例,鲤白云病在水温 20 ℃以上时可不治而愈,因此高于上述温度时可基本排除这两种病的可能。

一、草鱼出血病

1. 病原

草鱼出血病病毒,在分类上隶属于水生呼肠孤病毒属,故又名草鱼呼肠孤病毒。该病毒于1983年从患病的草鱼中分离得到,是中国首次分离到的鱼类病毒。草鱼出血病病毒是一种双链RNA病毒,病毒颗粒为二十面体球形,直径为70~80 nm,双层衣壳,无囊膜。此病毒可在GCF、GCO、GCK等草鱼细胞株内增殖,感染细胞后第2天出现细胞病变。

2. 症状

病鱼全身各个部位充血、出血是该病的主要特征。在发病初期,病鱼食欲减退,体色发黑,鳍条边缘发白,即所谓镶边症状。随后,病鱼可表现出典型的充血、出血症状,在口腔、眼眶、体表、鳍条、鳃盖、鳃都可以见到明显的充血、出血。解剖可见腹腔内肝、脾、肾、肠道和性腺等器官组织上有斑块状或点状出血,严重时肠系膜脂肪上也有明显的出血点。皮下肌肉组织充血发红或有出血灶,严重时整个皮下肌肉呈鲜红色。出血严重时,病鱼常表现明显的全身贫血。

需要注意,不同病鱼的出血部位不同,有的以体表为主,有的以内脏器官和组织为主。根据出血部位的不同,草鱼出血病的临床症状分为红鳍红鳃盖、红肌肉和肠炎三种类型。

红鳍红鳃盖型(图5-1),以体表充血、出血为主,病鱼口腔、鳃盖、眼眶周围和鳍条出血,尤其是鳃盖和鳍条基部充血、出血明显,通常伴有眼球突出的症状。此类症状一般发生于较大的草鱼鱼种。

红肌肉型(图5-2),以皮下肌肉出血为主,体表和其他脏器组织不出血或仅轻微出血。这种症状一般出现在较小的草鱼鱼种中,严重时可以透光看到皮下肌肉发红充血。

肠炎型(图5-3),以肠道的充血、出血为主,其他器官组织出血不明显。这种症状在大小草鱼中皆可出现。

实际上,以上类型是人为划分规定的,各类型之间并无明显的界限,有的时候一种鱼可能同时出现两种甚至三种症状。

3. 发病规律

草鱼出血病主要危害当年的草鱼鱼种,2龄及以上草鱼也可发病,但发病较轻。该病的发病率和死亡率都较高,草鱼鱼种的死亡率可达70%以上。该病的发生和造成的危害,与水温、养殖密度、病毒浓度、水质环境等因素密切相关。一般发病水温在20~33℃,最适流行水温为27~30℃,水质环境不佳时,此温度范围外也常有疾病的暴发。

草鱼出血病有一定的宿主特异性,同一水体中的青鱼和麦穗可以感染发病,但未见其他鱼类感染发病的报道。

4. 诊断方法

草鱼出血病的确诊需要在专业实验室中进行。临床诊断需要结合症状和流行情况进行,要点如下:

① 该病以全身各部位的充血、出血为特征,病鱼可能因严重出血而表现出明显的贫血。因此,在临床诊断中应抓住出血这一特征。

② 该病为传染性疾病且有较强的宿主特异性。如果本养殖场或苗种场有发病史,或其他地区购自同一苗种场的草鱼均有发病,则草鱼出血病的可能性很大。同样,即使同池混养的其他鱼类没有发病现象,也应首先考虑草鱼出血病的可能性。

③ 在临床诊断中应注意草鱼出血病肠炎型症状与细菌性肠炎的鉴别诊断。可以根据病鱼的肠壁弹性和肠道内容物的组成进一步判断,草鱼出血病病鱼肠道以出血为主,肠腔内有大量红细胞,但黏液较少,肠壁弹性较好。细菌性肠炎则正好相反,通常肠道黏液增多明显,肠壁薄且易断。

5. 防治方法

草鱼出血病的暴发多为急性型,且没有特效的治疗药物,因此应以防为主。

(1) 预防措施

① 加强苗种检验检疫工作,不从有草鱼出血病发病史的养殖场购买苗种。

② 注射草鱼出血病疫苗提高苗种抗病力。

③ 使用浓度为200 mg/L生石灰或20 mg/L漂白粉等消毒剂彻底清塘。保持水质清洁,投喂优质饲料,发病高峰期定期消毒。

(2) 治疗方法

一旦发病后没有特效的治疗药物,但可采用以下方法处置,减少损失。

① 减少或暂停饵料投喂,尽量保持水质清洁、溶解氧充足,减少应激。

② 采用大黄、板蓝根、黄芩、黄柏等抗病毒中药,以及磺胺类药物拌料投喂(预防继发感染细菌)对治疗草鱼出血病有一定的治疗效果。

③ 及时捞出死鱼,就近用生石灰消毒掩埋,防止水质恶化,阻断病毒传染。

二、传染性造血器官坏死病

1. 病原

传染性造血器官坏死病毒是一种单链 RNA 病毒,在分类上隶属于弹状病毒科诺拉弹状病毒属。病毒粒子呈子弹状,病毒颗粒长宽为$(120 \sim 300)nm \times (60 \sim 100)nm$,有囊膜包被。病毒易在 FHM、EPC、RTG - 2 等细胞株上复制生长并形成细胞病变。

2. 症状

该病常呈急性过程,病鱼常在狂游后不久死亡是该病的重要特征。在发病初期,病鱼摄食减少或不摄食,游动缓慢或在水中昏睡,顺水流漂流、晃动,出现间断性痉挛状旋转游动,不久后即发生死亡。

在外观上,病鱼体色发黑,眼球突出,腹部膨大,常拖有 1 条较粗长的假管状黏液便。剖检可见整个鱼体的体表和体内各部位广泛性的出血和贫血(图 5 - 4、图 5 - 5)。鳃丝苍白,腹腔有积液或带血腹水,内脏组织颜色变浅,上有点状出血(图 5 - 6)。骨骼肌、脂肪组织、腹膜、脑膜、鳔及心包膜常有出血斑点。肠道充血肿胀,内常蓄积大量带血黏液(图 5 - 7),肠黏膜严重损伤脱落是形成黏液便的病理学基础。部分幸存的病鱼脊柱弯曲变形。

3. 发病规律

该病最早于 20 世纪 50 年代在美国暴发,现已在我国多个养殖区域发生。主要危害鲑鳟鱼类鱼苗和当年鱼种,尤其是刚孵出的鱼苗到摄食 4 周的鱼种死亡率较高,1 龄鱼种死亡率不高,2 龄以上不发病。病毒既可通过水平传播又可通过垂直传播的方式感染宿主,患病残存鱼可持续带毒。

水温是传染性造血器官坏死病的重要影响因素,自然发病水温在 8~15 ℃,10 ℃以下时症状发展缓慢,15 ℃以上时自然发病现象消失。在一些水温适宜的养殖场一年四季均可发病,死亡率可达 50%~90%。

4. 诊断方法

该病在临床上以病鱼痉挛、狂游,不久后死亡,黏液便以及广泛出血和全身性贫血为特征,其病理基础为造血器官脾脏和肾脏坏死。确诊需要在专业实验室进行病毒检查,临床诊断时注意以下几点:

① 主要发生于鲑鳟鱼类,尤其是小苗种敏感。病鱼表现出上述全部或部分特征症状。需注意该病的黏液便比传染性胰脏坏死病粗长,结构较粗糙。

② 发病水温在 8～15 ℃,要优先考虑该病感染,反之,此温度范围外可做初步排除。

③ 苗种场曾经发病时也应优先考虑该病感染。

5. 防治方法

该病尚无有效治疗方法,主要以预防为主。

① 做好综合预防,严格执行检疫制度,做好工具、摄食等的消毒处理。

② 不从发病苗种场购进鱼苗,发现病原及时隔离销毁。

③ 苗种生产时可使用 50 mg/L 的 PVP-I 浸浴 15 min 彻底消毒。有条件时适当提高孵化和苗种培育水温至 17～20 ℃,以预防发病。

三、锦鲤疱疹病毒病与鲤浮肿病

1. 病原

锦鲤疱疹病毒病与鲤浮肿病在发病对象、临床症状上十分相似,因此将其合并介绍。

锦鲤疱疹病毒为双链 DNA 病毒,在分类上隶属于疱疹病毒科鱼疱疹病毒属,因患病鱼肾脏间质和鳃组织损伤严重,故又称鲤间质性肾炎及鳃坏死病毒(CNGV)或鲤疱疹病毒Ⅲ型(CyHV-Ⅲ)。病毒粒子为二十面体球形,外有囊膜包被,直径为 80～120 nm,是最大的鱼类疱疹病毒。

鲤浮肿病的病原为鲤浮肿病毒,是一种线性双链 DNA 病毒,在分类上隶属于痘病毒科,暂未定亚科。病毒颗粒很大,直径为 200～400 nm。

2. 症状

感染锦鲤疱疹病毒后,病鱼游动缓慢、无力,常在水中头下尾上漂游或呈无方向感游动。遇到刺激后,病鱼的反应极度强烈,突然快速游动。发病鱼的眼球凹陷,颅骨表面不平,俗称骷髅头。体表皮肤黏液增多,常出现苍白的块斑和水疱,鳍条和鳞片充血,可见明显的血丝(图 5-8)。鳃出血、坏死,严重时大片鳃组织坏死、溃烂呈灰色或黄色,上有大量黏液(图 5-9)。解剖见内脏贫血,肾脏肿大,颜色变浅,有坏死灶。

感染鲤浮肿病毒后,病鱼的临床症状与锦鲤疱疹病毒病十分相似,也出现游动迟缓、昏睡,以及眼球凹陷、体表黏液增多,鳃丝严重腐烂(图 5-10)等症状。相对来说,鲤浮肿病的病鱼常浮在水面,成堆聚集靠边昏睡,呈现所谓"定身昏睡"状,受到刺激后会短时游动,很快又会处于昏睡状态。在北方冬季,发病鱼会上浮在水面漫游,封冰后易

"贴冰"冻死,或冻伤继发水霉。

3. 发病规律

锦鲤疱疹病毒病和鲤浮肿病都主要危害鲤和锦鲤,都有很强的传染性。在发病季节,换水、拉网、变料、缺氧、气泡病等都可能是两种疾病的诱发因素。一旦发病后,容易继发细菌感染,不合理用药也可能会加重死亡。

相对而言,二者的发病水温略有不同,锦鲤疱疹病毒病主要在水温 16～28 ℃的条件下发生,23～28 ℃是主要的发病和死亡水温。在低于 13 ℃或高于 30 ℃条件下,KHV 感染并不导致死亡。将病鱼从 13 ℃移至 23 ℃可导致快速死亡。感染后的鱼可在低温条件下长期存活,不断释放病毒,导致病毒在群体中扩散和水温升高后疾病的暴发,是该病的传染源。

鲤浮肿病的发病季节相似,发病水温范围更广,在 7～28 ℃均可发病,在此范围内温度越高,暴发越快,温度高时 2～3 d 即可出现大规模死亡。当温度低于 10 ℃的病程较长,死亡率较低。此外普通鲤对该病的耐受性比锦鲤强,病鱼症状不十分典型,死亡率较低。

4. 诊断方法

确诊锦鲤疱疹病毒病和鲤浮肿病需要在专业实验室进行病毒核酸的分子检测。由于两种疾病的临床症状相似,鉴别较为困难,且防治措施也基本一致,因此不用特意进行临床鉴别诊断。在对这两种疾病进行临床诊断时主要考虑以下几点:

① 敏感宿主(鲤或锦鲤)发病,同水体其他鱼不发病,且病鱼出现嗜睡、眼球凹陷、颅骨不平、鳞片充血和严重烂鳃等特征性症状时,需要考虑为这两种疾病感染。

② 发病水温在 28 ℃以下,如果在水温升高过程中(在 10 ℃以上或 23 ℃以上)突然发病,以及在 28 ℃以上发病减轻的现象时,应考虑这两种疾病的可能。

5. 防治方法

锦鲤疱疹病毒病与鲤浮肿病都属于规定疫病,应按要求加强防控。目前对这两种疾病尚无有效的治疗方法,应尽量做好预防工作。

① 放养前做好池塘的清淤消毒工作,最好用生石灰彻底清塘。

② 选用经检疫合格的苗种,避免带毒入塘,避免养殖密度过大,可以适当混养一定比例的鲢鳙。

③ 养殖过程中注意水质管理和调控,尤其注意避免出现水体过肥和缺氧等问题,可定期泼洒聚维酮碘溶液全池消毒。

④ 定期投喂商品化的黄芪多糖、三黄粉等免疫增强剂和抗病毒药品,可有效预防该病。

⑤ 一旦发病,必须保证充足的溶解氧,不可随意转池、换水,同时停止投喂,避免使用消毒剂、抗菌和杀虫药物。在疾病后期可视情况少量投喂免疫增强剂药饵和抗菌药物,泼洒聚维酮碘等温和消毒剂。

四、细菌性烂鳃病

1. 病原

柱状黄杆菌,隶属于黄杆菌科,黄杆菌属,曾用名柱状屈挠杆菌、鱼害黏球菌和柱状嗜纤维菌。具有菌体细长、柔软易弯曲、两端钝圆、无鞭毛、能滑行、有团聚的特性,革兰氏阴性菌。柱状黄杆菌对营养需求不高,在贫营养培养基上形成大小不一,中间较厚,呈假根状向四周扩散的黄色菌落。对盐度敏感,当培养基中 NaCl 浓度大于 0.6％时不能生长。

2. 症状

病鱼常离群独游,反应迟钝,游动缓慢,呼吸困难,食欲减退。病情严重时,会停止摄食,对外界刺激失去反应。病鱼体色发黑,头背部尤为明显,并伴有较强的传染性和较高的死亡率,故称"乌头瘟"。临床剖检可见病鱼鳃盖内表面皮肤充血发炎,被腐蚀形成一个圆形或不规则形状的透明小窗,俗称"开天窗"。剪开鳃盖,可见鳃丝肿胀,黏液增多,残缺不全,附着污泥和腐屑物。鳃丝或因缺血而呈淡红色或灰白色,或因局部淤血而呈紫红色,甚至可见小血斑,严重时鳃丝末端腐烂缺损,软骨外露。部分病鱼鳍条边缘发白,即"镶边",有的鱼鳍条缺损似虫蛀一般,即蛀鳍(图 5 - 11)。

镜检观察,可见鳃小片上皮细胞肿胀、脱落,黏液分泌增加,组织边缘有聚成一团,可屈挠的丝状细菌。

3. 发病规律

细菌性烂鳃病在世界各地都有流行,几乎所有的淡水养殖鱼类均可发生,草鱼、青鱼、鲤鱼等尤为敏感,大小鱼都可发病。当水温高于 15 ℃时该病开始发生,夏秋季节高发,尤其是在鳃受损后更为易感。当养殖密度高、温度高、水质差、鱼抵抗力低下时更易暴发,死亡率也不断升高。部分海水鱼如斑点叉尾鲴也难以幸免。

4. 诊断方法

细菌性烂鳃病是一种以烂鳃为主要特征的疾病,确诊需要进行细菌的分离和鉴定,在临床诊断时需要注意以下几点：

① 病鱼鳃丝腐烂，且常伴有"乌头瘟""开天窗"和"镶边"等症状，其中尤以"开天窗"为细菌性烂鳃的重要特征。

② 镜检见到大量可屈挠滑行的细长杆菌可初步诊断。

③ 烂鳃是一种症状，可见于多种疾病，如锦鲤疱疹病毒感染、鳃霉、鳃部寄生虫以及药物刺激等，应特别注意鉴别有无其他明显的病原或特殊症状。

5. 防治方法

细菌性烂鳃病是典型的条件致病病原引起的疾病，防治应注意以下几点：

① 彻底清塘、清淤，不使用未经发酵的有机肥，注意调节和保持水质清洁和稳定。

② 选择优质健康鱼种，鱼种下塘前，用 2‰～4‰ 食盐水溶液药浴 5～10 min。

③ 养殖过程中加强饲养管理，发现病鱼尤其是有鳃部寄生虫应及时处置。

④ 发病后使用喹诺酮类药物或其他国标药物进行治疗，按每千克体重每日拌饵投喂恩诺沙星粉（规格为 100 g：5 g）10～20 mg（以恩诺沙星计）/次，连用 3～5 d。

五、细菌性败血症

1. 病原

嗜水气单胞菌，属于气单胞菌科，气单胞菌属，为革兰氏阴性短杆菌，菌体两端钝圆，可成单个、成对或短链状排列，单极生鞭毛，有运动力，兼性厌氧，在普通营养琼脂平板上形成边缘光滑的灰白色半透明圆形菌落。

嗜水气单胞菌广泛存在于淡水及土壤中，是常见的人、畜、水生动物共患病原菌，可感染鱼类、甲壳类、贝类、两栖类等水生动物，引起水生动物二类疫病——细菌性败血症。除该菌以外，温和气单胞菌、豚鼠气单胞菌、鲁克氏耶尔森菌等多种细菌也可引起鱼的细菌性败血症。

2. 症状

嗜水气单胞菌感染时，病鱼的症状与病程有关。特急性感染时，病鱼可在无明显外观症状的情况下，突然发生死亡，外观无明显症状。急性感染初期，病鱼上下颌、鳃盖、眼、鳍基及鱼体两侧等部位轻度充血，严重时鱼体表显著充血、出血（图 5 - 12），眼眶周围也充血（鲢、鳙更为明显）。剖检可见病鱼眼球突出、肛门红肿，腹部膨大，内有淡黄色或红色带血腹水（图 5 - 13）。病鱼鳃、肝、肾肿胀，贫血颜色变浅，脾肿大，淤血呈紫黑色，肠道积液积气，肠壁充血。有的鱼鳞片竖起，鳃丝末端腐烂，肌肉充血，鳔壁充血。

病情严重的鱼厌食或不吃食、静止不动或发生阵发性乱游、乱窜,有的在池边摩擦,最后衰竭死亡。

3. 发病规律

鱼的细菌性败血症全年都可发生,主要流行于5—9月高水温期,在持续高温时极易暴发,发病率和死亡率都很高,严重时死亡率高达95%以上。

被感染的病鱼和被污染的水源、底泥、饵料和工具等是该病主要的传染源和传播途径,鸟类捕食可造成不同养殖水体间的传播。此外,池塘消毒不彻底、养殖水质恶化、长期近亲繁殖、免疫力低下、营养不全面、投喂不合理、病鱼及废弃物处置不当等均是该病暴发的重要因素。

4. 诊断方法

该病是一种以出血为主要特征的全身性疾病,确诊需要进行细菌的分离和鉴定,在临床诊断时需要注意以下几点:

① 病鱼全身性充血、出血,常伴有竖鳞、烂鳃、肠炎等症状。

② 剖检可见肝、脾、肾肿大,淤血或缺血,呈花斑状。

③ 取内脏组织制作触片,经迪夫快速染色后见大量短杆菌。

④ 从病鱼肾脏、肝等部位可分离到形成浅黄色菌落的病原,多数具β溶血活性。

5. 防治方法

嗜水气单胞菌可在环境中长期存活,可经过鳃与受损的体表侵入鱼体,在鱼体受伤或抵抗力降低时常暴发流行。该病的防治应注意:

① 清除池底过多的淤泥,用生石灰或漂白粉彻底消毒,可有助于该病的预防。

② 发病鱼池用过的工具要进行消毒,病鱼、死鱼要及时深埋,不可随意丢弃,避免病原扩散。

③ 加强日常饲养管理,避免鱼体受伤,不投喂变质饲料,提高鱼体抗病力可以减少发病。

④ 疾病流行季节,用浓度为$25\sim30$ g/m^{3}的生石灰化浆全池泼洒,每半个月1次,对该病有预防作用。

⑤ 发病后,用氟苯尼考等敏感药物拌药饵投喂,每千克鱼$10\sim15$ mg/d,连用$3\sim5$ d。由于目前嗜水气单胞菌的耐药现象较为常见,一旦发病,应尽快送至专业实验室进行病原分离与敏感药物筛选,以指导用药。

六、维氏气单胞菌病

1. 病原

维氏气单胞菌,又称为维隆气单胞菌,维罗纳气单胞菌,属于气单胞菌科,气单胞菌属,由美国疾病预防与控制中心于 1983 年命名,以纪念法国微生物学家贝隆在弧菌和气单胞菌研究中的贡献。菌体呈杆状、略弯曲、两端钝圆,有运动力,兼性厌氧的特性,革兰氏阴性菌,通常单个或成双排列。在普通营养琼脂平板上形成灰白色不透明的圆形菌落,有 β 溶血活性。维氏气单胞菌有温和生物型和维罗纳生物型两个亚种,其中温和型维氏气单胞菌的致病性和传染性较强,危害较大。

维氏气单胞菌广泛存在于海水、淡水、污水、土壤以及淤泥中,是一种重要的鱼类条件致病菌和常见的人、畜、水生动物共患病原菌。

2. 症状

鱼类维氏气单胞菌病是以体表溃疡、腐烂为主要特征的鱼类败血症。发病初期病鱼游动迟缓,离群独游,食欲减退,肛门红肿,鳍基充血。随病情发展,病鱼呼吸急促,失去平衡,侧游,眼球突出,吻端发白,体表皮肤出现局灶性褪色斑并逐步形成溃疡甚至大面积的溃烂(图 5-14、图 5-15)。剖检见病鱼鳃丝腐烂,腹腔积水,肝、脾、肾肿大,上有出血点和坏死灶,肠道充血、积液。

3. 发病规律

维氏气单胞菌是典型的条件性致病菌,在环境中广泛存在,可感染多种鱼类并引发细菌性败血症,在夏、秋高水温季节易暴发流行,死亡率可高达 80% 以上。饲养管理不良、水质恶化、鱼体受伤以及机体免疫力低下是该病的重要诱发因素。

4. 诊断方法

维氏气单胞菌病以皮肤溃烂和败血症为主要特征,确诊需要进行细菌的分离和鉴定,在临床诊断时需要注意以下几点:

① 病鱼常表现出明显的皮肤溃疡甚至腐烂,严重时出现内脏出血等败血症特征。

② 取皮肤溃疡灶边缘和内脏组织,制作触片,经迪夫快速染色后见大量杆菌可进一步诊断。

5. 防治方法

同细菌性败血症。

七、疖疮病

1. 病原

该病病原有疖疮型点状气单胞菌和杀鲑气单胞菌两种,分类上都属于气单胞菌科,气单胞菌属,前者主要感染鲤科鱼类,后者是鲟鲽和鲑科鱼类的重要病原。疖疮型点状气单胞菌菌体短杆状,两端圆形,极端单鞭毛,革兰氏阴性,生长适温为 $25\sim30\,^\circ\text{C}$,在普通营养琼脂上形成灰白色半透明的圆形菌落,具有 β 溶血活性。

杀鲑气单胞菌最早于 1984 年从患病的溪鳟中分离到,下辖杀鲑亚种、溶果胶亚种、杀日本鲑亚种、史氏亚种和无色亚种 5 个亚种,其中杀鲑亚种为典型株,其他均为非典型株。该菌为嗜冷气单胞菌,呈短杆状或球杆状,无鞭毛,革兰氏阴性菌,无运动性,在普通营养琼脂上生长缓慢,形成白色不透明的圆形菌落。

2. 症状

鱼类疖疮病以体表出现单个或多个疖疮为主要特征(图 5 - 16)。鲤科鱼类疖疮病早期,病鱼体表充血,隆起形成疖疮,尤以背部最为常见,后期隆起部位化脓破溃(图 5 - 17),形成火山口形的溃疡口,严重时会发展成全身性败血症。剖检可见病鱼背部疖疮内部肌肉溶解,呈浑浊的灰黄色凝乳状。

杀鲑气单胞菌感染鱼类时既可形成典型的疖疮症状,也可形成以皮肤溃疡型败血症。病鱼食欲减退,体色发黑,体表出现单个或多个小的隆起,剖开可见肌肉出血,逐渐坏死形成皮下脓肿。剖检可见肠道充血发炎,肾脏肿大呈淡红色或暗红色,肝脏褪色等。有的病鱼则在初期即出现"出血性疖疮"的症状,很易破溃在皮肤形成开放性溃疡。大菱鲆暴发疖疮病时(图 5 - 18),主要侵染背部肌肉,形成串珠状脓肿,脓肿一般不破溃。

3. 发病规律

疖疮型点状气单胞菌和杀鲑气单胞菌都是条件致病菌,在环境中普遍存在。鲤科鱼类疖疮病一年四季可发,无明显的流行季节,多散发。鲑科鱼类疖疮病也没有明显季节性,其发病水温相对其他细菌较低,但也有连续高温天气后暴发杀鲑气单胞菌病的报道。鲑科鱼类疖疮病既有散发病例,也有暴发流行的报道。

4. 诊断方法

鱼类疖疮病是一种以疖疮形成为主要特征的全身感染性疾病,确诊需要进行细菌的分离和鉴定,在临床诊断时需要注意以下几点:

① 病鱼形成典型的皮下肌肉脓肿或开放性溃疡,即可初步诊断。

② 取隆起部位组织,制作组织触片经迪夫快速染色后见大量短杆菌可进一步诊断。

③ 注意与肌肉黏孢子虫病鉴别,后者组织压片可见大量形态一致的寄生虫孢子。

④ 鳗鲡感染鳗弧菌时也会出现疖疮样病变,但后者破溃后为出血性溃疡,化脓病变不明显。

5. 防治方法

该病的预防与治疗方法同细菌性败血症。体表机械损伤是该病的重要诱发因素,养殖过程应特别注意规范操作,避免出现鱼体损伤和突然环境变化等应激因素。

八、鳗弧菌病

1. 病原

鳗弧菌(*Vibrio anguillarum*),属于弧菌科,弧菌属,最早于 1893 年从患病鳗鲡上分离得到并于 1909 年由伯格曼(Bergman)正式命名。菌体呈短杆状,略弯曲,以单极生鞭毛运动,有的一端生 2 根或多根鞭毛,革兰氏阴性菌。在普通营养琼脂平板上形成灰白色有光泽略透明圆形菌落,在 TCBS 上形成黄色菌落。

鳗弧菌广泛分布于海水及淡水水域,是常见的水生动物致病弧菌之一,鱼类、甲壳类、贝类等都可感染发病。

2. 症状

鳗弧菌感染时,病鱼初期食欲不振、局部体表褪色,随后腹部体表和鳍条、鳍基部充血、出血、发红,严重时体表溃烂出血。病鱼眼球突出,眼眶周围出血,腹部膨大,肛门红肿。剖检可见病鱼肝、肾出血和坏死,肠道显著肿胀,充满带血黏液。鳗鲡感染时,体壁肌肉隆起或形成出血性溃疡(图 5-19 至图 5-21)。

3. 发病规律

鳗弧菌为条件致病菌,其在环境中广泛存在。当水产养殖动物受到刺激或体表损伤时,水体中存在的鳗弧菌通过受损的皮肤侵入机体。经口感染也是鳗弧菌感染的另一种途径。饵料质量不佳,损伤肠道是该病的另一诱因。此外,放养密度过大,水质不良等因素也是该病暴发的诱因。该病常呈急性暴发,引起大量死亡。

4. 诊断方法

鳗弧菌是一种以皮肤出血和败血症为主要特征的全身感染性疾病,确诊需要进行细菌的分离鉴定,主要临床诊断要点如下:

① 病鱼体表有明显的出血斑或成片出血,内脏出血、坏死,内脏触片经迪夫快速染色后见大量短杆菌。

② 肝、肾等内脏划线分离,可在 TCBS、血平板或普通营养琼脂平板上形成正圆形、边缘光滑、灰白色有光泽的菌落。

5. 防治方法

① 预防方法同细菌性败血症,需要特别注意避免鱼体受伤和投喂不新鲜的饵料。

② 发病后可选用土霉素进行治疗,每千克鱼每天用药 70～80 mg,制成药饵,连续投喂 5～7 d。

③ 治疗过程中需要关注耐药性,必要时应送专业实验室分离病原,筛选敏感药物。有报道认为,弧菌的耐药性与气单胞菌不同,多数弧菌对链霉素和卡那霉素耐药,一般不宜选用此类药物治疗弧菌病。

九、哈维氏弧菌病

1. 病原

哈维氏弧菌,又称哈氏弧菌,属于弧菌科,弧菌属,于 1980 年由鲍曼(Bauman)正式命名。菌体呈杆状或短杆状,有时会弯曲,单极生鞭毛、有一定运动性,革兰氏阴性菌,当高密度生长时可发光,是一种发光细菌。在普通营养琼脂平板和 TCBS 上分别形成无色透明和黄色的圆形菌落。

哈维氏弧菌可感染多种养殖鱼类、甲壳类和贝类,是一种常见的海水病原弧菌,也是人和水生动物共患的病原菌。流行病学调查表明,引起养殖红鳍东方鲀的腐鳍症的病原弧菌中,有 48% 为哈维氏弧菌。

2. 症状

哈维氏弧菌感染时,病鱼初期主要表现为食欲不振或不摄食,身体不能保持平衡,游动异常,眼球突出,浑浊甚至失明,体表出现明显的褪色斑。随病情发展,褪色斑出血、溃烂,鳍条出血,烂尾,有的病鱼腹部膨大,肛门红肿。解剖见病鱼腹水,肠道发炎,肝、肾等内脏肿大缺血或出血,有时会有白点,或呈豆腐渣状。红鳍东方鲀感染哈维氏弧菌时,病鱼主要表现为鳍条充血、出血、腐烂甚至完全缺失(图 5 - 22、图 5 - 23)。

3. 发病规律

哈维氏弧菌广泛分布于海洋环境中,为一种条件性致病菌,多种鱼类可感染发病。6—8 月水温期是大多数鱼类哈维氏弧菌病的发生和流行高峰期。当宿主体质变弱、体表受损或环境骤变时易感。

许氏平鲉和红鳍东方鲀等海水鱼对哈维氏弧菌十分敏感,哈维氏弧菌是导致这两种鱼类皮肤溃疡损伤最主要和最常见的细菌性病原。

4. 诊断方法

鱼哈维氏弧菌病以皮肤溃疡出血为主要特征,确诊需进行细菌分离与鉴定,主要临床诊断要点如下:

① 病鱼通常会皮肤褪色、出现出血性溃疡。敏感鱼类许氏平鲉溃疡或红鳍东方鲀腐鳍症时,可做出初步诊断。

② 从病变部位如皮肤和内脏触片,经迪夫快速染色后见大量短杆菌。划线分离,可在 TCBS、血平板或普通营养琼脂平板上形成圆形菌落。

5. 防治方法

同细菌性败血症,必要时进行细菌分离与药物筛选以指导用药。

十、拟态弧菌病

1. 病原

拟态弧菌,属肠杆菌科,弧菌属。该菌最早于 1981 年从腹泻患者的粪便中检出。菌体短杆状、单极生鞭毛、能运动,革兰氏阴性菌,在血平板上形成直径 2～3 mm 的菌落。在无钠或低钠(1%)条件下生长良好,在普通营养琼脂平板上形成黄色圆形菌落,TCBS 上形成绿色菌落。拟态弧菌的形态、DNA 序列等均与非典型霍乱弧菌十分相似,但生化反应不典型,故得名拟态弧菌。

拟态弧菌广泛分布于海水及淡水水域中,是重要的水生动物病原,可使多种鱼类和甲壳类动物致病。同时,该菌也是罕见的人和水生动物共患病的病原菌,可通过污染的水产品使人致病。

2. 症状

拟态弧菌感染时,病鱼摄食减少甚至绝食,腹部肿大,肛门红肿和鳍条基部出血,有的还表现为鳞片脱落和肌肉溃烂出血。鲇形目鱼类如南方鲇鱼、黄颡鱼、杂交鲇鱼等对该菌较为敏感,除上述症状外,多数病鱼体表出现白色方块形褪色斑,进而糜烂并露出其内部肌肉,最终形成特征性的方块形溃疡病灶(图 5-24)。

3. 发病规律

拟态弧菌能感染鱼类和甲壳类等多种水生动物。鲇形目鱼类对其尤为敏感,常发展出典型症状。该病病程进展迅速,一旦感染,病鱼摄食很快减少甚至完全不摄食,一周内的病死率可达80%～100%。

水质和饵料不良是该病发生的重要影响因素。通常发病鱼池水质恶化严重,有机物含量很高,透明度很低,或有投喂污染变质饲料或动物内脏等诱因。

4. 诊断方法

拟态弧菌是一种以皮肤溃疡和败血症为特征的全身感染性疾病。主要临床诊断要点如下:

① 体表皮肤出现褪色斑或溃疡灶,溃疡灶多呈方形是该病的典型特征。

② 皮肤和内脏触片,经迪夫快速染色后见大量短杆菌。

③ 从内脏和皮肤溃疡处进行划线分离,可在TCBS、血平板或普通营养琼脂平板上形成圆形菌落。

④ 发病鱼池通常水质不良,或有投喂变质、污染饵料等问题。

5. 防治方法

该病的预防与治疗方法同鳗弧菌病。

拟态弧菌感染病程进展迅速,且发病后病鱼基本不摄食,因此应重在预防,发病后尽早使用敏感药物内服治疗是控制该病的关键。需要注意的是,不同地区的拟态弧菌分离株的药物敏感性差异很大。有报道认为,拟态弧菌对四环素、强力霉素、美满霉素、氟罗沙星、利福平等敏感。但笔者研究发现,辽宁杂交鲇源拟态弧菌对庆大霉素、卡那霉素和链霉素较敏感,对四环素、强力霉素、氟苯尼考、诺氟沙星、利福平等都高度耐药。一旦暴发拟态弧菌病,养殖户在凭经验应急用药的同时,应尽快由专业实验室进行敏感药物筛选,以指导用药。

十一、鮰爱德华氏菌病

1. 病原

鮰爱德华氏菌,属于肠杆菌科,爱德华氏菌属,是我国三类水生动物疫病鮰类肠败血症的病原。于1979年由霍克(Hawke JP)首次从患病斑点叉尾鮰中分离得到,1981年被正式确定为爱德华氏菌属的一个新种。菌体呈短杆状,周鞭毛,25～30℃时具有较弱运动性,37℃时运动性消失,革兰氏阴性菌。该菌生长缓慢,在血琼脂培养基上,30℃培养36～48 h,才能形成针尖大小的菌落。

鮰爱德华氏菌对环境适应能力很强,在池水中可存活8 d,25℃时在池塘底泥中可存活90 d以上。通过水传播，主要危害鲴科鱼类如斑点叉尾鮰，引起鮰类肠败血症，被认为是水生动物真正的病原菌而非条件性致病菌。

2. 症状

鮰爱德华氏菌可经消化道和神经系统两种途径感染，分别引起以败血症为特征的急性型和以"头穿孔"为特征的慢性型两种不同症状。

急性型发病急，死亡率高。初期病鱼离群独游、反应迟钝、食欲减退，常头朝上尾朝下垂悬在水中，呈间歇式痉挛状或螺旋状游动，很快死亡。病鱼通常腹部膨大，体表有明显出血斑或出血性溃疡灶，部分病鱼眼球突出，鳃丝苍白、出血，肌肉组织上有出血点或出血斑。剖检可见大量含血或清亮的腹水，不易凝固，肝脏肿大、水肿、质脆，有出血点和灰白色的坏死斑点，脾肾肿大、出血，肠道扩张充血，积液积气（图5-25至图5-27）。

慢性型病程较长，常呈少量、持续死亡。初期病鱼出现痉挛状旋转游动或倦怠嗜睡。后期病鱼头背隆起，充血发红，内蓄积液体，手触有波动感，严重时，头部皮肤溃烂，形成一个空洞性病灶，即"头穿孔"症状（图5-28）。剖检可见清水样或血样腹水，肝、肠道、肌肉紫色出血，肝脾肾肿大。例如黄颡鱼表现为"红头顶"症状，黄金鲫表现为内脏结节症，斑马鱼表现为突眼、头顶脓肿溃烂和腹部膨大（图5-29）。

3. 发病规律

鮰爱德华氏菌是斑点叉尾鮰最重要的细菌病原。此外，白叉尾鮰、云斑鮰等其他鲴科鱼类和鲇鱼、黄颡鱼、斑马鱼及虹鳟等也可感染发病。该菌的致病力较强，鱼苗到成鱼皆可感染发病，发病水温通常在18～28 ℃，此范围以外发病较小。

带菌鱼是可能的传染源。鮰爱德华氏菌可在池水和底泥中存活很长时间，这也是一些地区鮰爱德华氏菌病反复流行的原因。饲养管理不良、水质恶化和放养密度大，水中有机质过多等都可能诱发该病的发生。

4. 诊断方法

鮰爱德华氏菌病以败血症或"头穿孔"为主要特征，确诊需要进行细菌的分离和鉴定，在临床诊断时需要注意以下几点：

① "头穿孔"和败血症是该病的特征性病变，敏感鱼类出现此类症状时，可做出初步诊断。

② 取病鱼肝、脾、肾或脑等脏器组织，制作触片经迪夫快速染色后见大量短杆菌，划线分离可在普通营养琼脂平板上形成1～2 mm圆形菌落。

5. 防治方法

① 保持良好的水质和养殖环境,避免环境变化过大造成应激,注意饵料的新鲜和营养平衡,有助于预防该病的发生。

② 有条件时经常加注低温水,对该病有很好的预防和控制作用。

③ 发病后的治疗方法同嗜水气单胞菌。急性感染该病时,应尽早使用抗菌药物治疗。另外,鲖爱德华氏菌的耐药性差异较大,一旦暴发应尽快由专业实验室进行敏感药物筛选,以指导用药。

十二、迟缓爱德华氏菌病

1. 病原

迟缓爱德华氏菌,在分类上隶属于肠杆菌科,爱德华氏菌属,又名迟钝爱德华氏菌、缓慢爱德华氏菌,1965 年埃文(Ewing)将其正式命名为迟缓爱德华氏菌。该菌为革兰氏染色阴性的短杆状,周生鞭毛,具有运动性,无荚膜,不形成芽孢,兼性厌氧,在普通营养琼脂上形成直径 1 mm 左右灰白色半透明的圆形菌落。

2. 症状

迟缓爱德华氏菌可感染多种鱼类,不同种类病鱼的症状不完全相同,但通常都会有充血、出血、腹水、脏器和体表皮肤肌肉的坏死及化脓性溃疡等症状。鳗鲡和大菱鲆对该菌十分敏感,常表现出典型病症。以下以鳗鲡和大菱鲆为例,介绍鱼类迟缓爱德华氏菌病的症状。

鳗鲡感染发病时,病鱼症状有以侵袭肾脏为主的肾脏型和主要侵袭肝脏的肝脏型两种。肾脏型病鱼肛门红肿,肾脏附近体壁肌肉隆起,出血和软化,肾脏和脾脏上出现白色点状病灶;肝脏型病鱼的肝部躯体肿大,肝区腹部皮肤出血,软化,溃疡穿孔,肝脏肿大,出现化脓性溃疡(图 5 - 30)。

大菱鲆急性感染时,病鱼下颌、鳃盖边缘、腹部皮肤和鳍基部等部位充血发红,病情较重时可见出血点或出血斑。随着病情发展,出血处皮肤和肌肉软化,形成化脓性溃疡或皮下脓肿。病鱼贫血,鳃呈灰白色,剖检可见其肾脏异常肿大,呈灰白色,出现局灶性甚至弥漫性脓样坏死,肝、脾肿大,出血或缺血。慢性感染的病程持续几个月,会出现持续的个别死亡。发病时,鱼的前半部体色基本正常,后半部分发黑,使得鱼体出现明显的黑白两段分界现象。鳃丝出现白色的结节,剖检见肾脏异常肿大,呈灰白色,表面出现灰白色的黍粒状结节,严重时肾脏质地变硬似豆腐渣状。患病鱼常有腹水、肠炎等现象,肝脏病变通常不明显。

3. 发病规律

迟缓爱德华氏菌的宿主范围广泛,可感染多种鱼类、贝类、两栖类、爬行类、鸟类和哺乳类等多种动物,是一种人畜共患病原菌。病原在环境中广泛存在,海水、淡水鱼类都可感染发病,属于国家规定的三类水生动物疫病。迟缓爱德华氏菌是一种条件致病菌,鱼全年皆可感染发病,夏、秋高水温季节更易暴发流行,水温越高,危害越大。饲养管理不当,鱼体抵抗力下降,环境突变等都是该病的诱因。

4. 诊断方法

迟缓爱德华氏菌病以内脏和皮肤肌肉出血、坏死、化脓性溃疡等为主要特征的全身感染性疾病。确诊需要进行细菌的分离和鉴定,在临床诊断时需要注意以下几点:

① 病鱼出现典型的出血、脓肿或化脓性溃疡病症,常伴有恶臭。

② 病灶处组织触片经迪夫快速染色后见大量短杆菌。

③ 从病灶处划线分离,可在普通营养琼脂平板上形成直径约为 1 mm 的圆形小菌落。

5. 防治方法

① 预防方法同鮰爱德华氏菌病。

② 发病后使用敏感药物如胺类药物或诺氟沙星进行治疗:磺胺间甲氧嘧啶钠粉,按每天每千克鱼用 80~160 mg(以有效成分计)拌饵投喂,连用 4~6 d,首次用量加倍;或诺氟沙星每天每千克鱼用 100 mg(以有效成分计)拌饵投喂,连用 3~5 d。

十三、链球菌病

1. 病原

海豚链球菌、无乳链球菌等链球菌科细菌,菌体呈球形或卵圆形,有荚膜,β 溶血阳性,常呈链状排列,革兰氏阳性菌,无鞭毛,不具有运动性。链球菌为广温广盐菌,对温度和盐度适应范围广,在 10~45 ℃和 0~70 盐度条件下可生长,最适温度和最适盐度分别为 20~37 ℃和 0。

2. 症状

病鱼以眼球突出、鳃盖内侧充血发红而鳃贫血和剧烈肠炎为主要症状。在水温较高时,常呈急性发作,初期病鱼食欲减退甚至废绝,游动缓慢无力,常浮于水面或静止于水底,有时在水中翻滚或旋转游动,后期做间歇性窜游后沉于水底死亡。剖检可见体色发黑,有的病鱼体表出血或溃疡,吻端、下颌及两鳃盖下缘有弥散性出血,眼球突出,眼眶周围出血,鳃盖内侧严重充血(图5-31)而鳃贫血,肛门红肿外突甚至出现脱肛症状(图5-32),肝、脾肿大并伴有出血、坏死灶,肠道内有黄色或带血黏液,脑膜充血、出血。在水温较低时,病情发展较慢,病鱼体表局部、鳍条边缘出血、溃烂或形成出血性化脓性疖疮。海水鱼如牙鲆体表溃疡灶可能继发感染盾纤虫。

3. 发病规律

链球菌是一种典型的条件致病菌,具有广温、广盐的适应特性,广泛分布在各种水环境和底泥中,也可来自陆地或由饵料鱼带入。链球菌可感染鲕、牙鲆、鳗鲡、香鱼、虹鳟、罗非鱼、团头鲂等多种海水、半咸水及淡水养殖鱼类,属于国家规定的三类水生动物疫病病原。该病的发生与饲养管理水平和环境条件关系密切,养殖密度高、投饵过多、饵料不新鲜、鱼体抵抗力降低等因素都可引发该病。该病的发生与水温有关,一般在高水温时发病迅速,水温较低时则以慢性感染为主。

4. 诊断方法

链球菌是一种以病鱼眼球突出、鳃盖内侧充血、剧烈肠炎和游动异常为主要特征的疾病,确诊需要进行细菌的分离和鉴定,在临床诊断时需要注意以下几点:

① 病鱼眼球突出,鳃盖内侧充血,鳃贫血,常有在水中旋转或翻滚游动的表现。

② 取脑组织或肝制作组织触片,经迪夫快速染色或革兰氏染色后见大量呈链状排列的球菌。

5. 防治方法

链球菌感染可侵入包括脑在内的全身各组织,加上病鱼感染后期几乎不摄食,因此必须做好预防工作,发病后及时治疗。

① 降低养殖密度,及时清除残饵,保持水质优良稳定。

② 确保投喂新鲜饵料,必要时可在饲料中添加维生素C。

③ 发病后,使用敏感的国标药物拌饵投喂,如每天每千克鱼用土霉素70~80 mg(按有效成分计),连续投喂5~7 d。

十四、水霉病

1. 病原

水产动物中发现的水霉病原有十余种,最常见的是藻菌纲水霉科中的水霉和绵霉两个属的真菌。水霉菌丝为无横隔的管形多核体,根据其在水产动物组织上的分布特点,可分为内菌丝和外菌丝。内菌丝分枝多而纤细,深入组织内部,起营养吸收作用,外菌丝分枝少而粗壮,伸出体外,起繁殖作用。外菌丝可长达 3 cm 左右,常在动物体表形成灰白色絮状物。外菌丝在环境条件不良时可在菌丝末端生出分隔并形成厚垣孢子以抵抗恶劣环境,在环境适宜时,厚垣孢子萌发成菌丝或形成动孢子囊,重新生长(图 5 - 33)。

2. 症状

感染早期,病鱼不表现出肉眼可见的临床症状,随着病情发展,菌丝侵入伤口,同时向外长出肉眼可见的白色絮状物,因此也称生毛病或白毛病。病鱼行动呆滞,食欲减退,表现不安,喜与固体物摩擦,最后缓慢衰竭死亡(图 5 - 34)。

此病在鱼卵孵化过程中也常有发生,内菌丝侵入卵膜内,朝卵膜外生出大量外菌丝。由于死卵浑浊发白,外被放射状排列的菌丝,形似太阳,故称卵丝病或太阳籽(图 5 - 35)。

3. 发病规律

水霉病是淡水养殖中最常见疾病之一。水霉广泛存在于淡水水域中,可以感染所有水产动物,没有种的选择性。多数水霉以 13～18 ℃ 为繁殖适温,在低水温条件下水霉病的危害更为严重,且没有明显的季节性。

水霉具有腐生性生长和继发性感染的特点,常在有机物多、鱼体受伤的条件下暴发流行,在死鱼和死卵上繁殖得特别快。

4. 诊断方法

水霉外菌丝形成肉眼可见的絮状物为该病的主要特征。确诊需要进行真菌的培养和鉴定,临床诊断要点如下:

① 病鱼不安,喜摩擦固体物,病鱼和鱼卵上出现灰白色絮状物即可做出初步诊断。要注意,絮状物上有时会因黏液、藻类和原生动物等污物附着而呈现其他不同颜色。

② 取病鱼和卵上的絮状物制作中水封片,显微镜检查见管状菌丝即可进一步诊断。

5. 防治方法

水霉具有腐生性生长和继发性感染的特点,感染后菌丝深入组织中,难以治疗,因此该病首先应做好预防工作。

① 放养前清除过多淤泥,并使用生石灰彻底清塘、消毒。

② 加强饲养管理,避免鱼体受伤,定期检查体表和鳃上是否有寄生虫或其他因素引起的损伤,有问题及时处置。

③ 做好亲鱼培育工作,提高受精卵质量。

④ 注意鱼苗繁殖场所和工具的清洗消毒;控制鱼卵的孵化密度,采用淋水孵化的方式孵化鱼巢上的鱼卵。

⑤ 在发病后,按使用说明全池泼洒国标商品药物,或食盐与小苏打合剂(1:1),使池水成 8 g/m³。

十五、鳃霉病

1. 病原

鳃霉,属水霉科,鳃霉菌属,菌丝无隔,有弯曲和分枝,菌丝同一分枝内常有同步发育的动孢子或原生质。仔细比较,鳃霉的形态可以分为两种类型。一种与国外报道的血鳃霉相似,菌丝粗直,弯曲与分枝较少,常在鳃小片组织中单枝延长生长,不进入血管和软骨组织中,主要见于草鱼的鳃上。另一种与穿移鳃霉相似,菌丝较细,壁厚,多弯曲与分枝,可穿入鳃丝血管与软骨,充满整个鳃组织,常见于鲤鱼、鲫鱼、大鳞鲃、鳙鱼、鲮鱼、黄颡鱼、鲇鱼和青鱼等的鳃上(图5-36)。

2. 症状

鳃霉病是由鳃霉菌侵入鳃部而引起的。病鱼主要表现为呼吸困难,食欲减退,游动缓慢,鱼体浮于水面或在池边漫游,而体表无其他明显变化。临床检查可见鳃丝肿胀,鳃上黏液增多(图5-37),上有出血或淤血斑点,局部区域缺血,使得鳃呈现大理石样外观——花鳃症状(图5-38)。病情严重时,病鱼高度贫血,鳃呈青灰色,病鱼很快因呼吸困难死亡。鲤和大鳞鲃等发病时,病鱼鳃片基部淤血呈紫黑色,但外缘缺血呈浅红色,对比明显,养殖户称其为——阴阳鳃(图5-39)。当慢性发病时,病程持续时间较长,病鱼鳃丝腐烂,贫血呈苍白色,病鱼出现持续死亡,但死亡率较低。

3. 发病规律

鳃霉可感染多种淡水鱼,通过孢子与鳃的直接接触而感染。鲤鱼、鲫鱼、大鳞鲃、鳙鱼、鲮鱼、黄颡鱼、鲇鱼和青鱼受害严重,大小鱼都可发生,对鱼苗、苗种的危害较大。我国的两广、湖北、江苏、辽宁等地都有该病流行。该病主要流行于水温刚刚开始回升时和夏季高温时期,辽宁地区养殖的鲤鱼、鲇鱼、大鳞鲃和黄颡鱼常在4月开始暴发该病。

环境恶化,鱼体抵抗力低等因素常导致鳃霉病的暴发,一旦发病,可快速扩散,发病率可达70%~80%,病死率90%以上。

4. 诊断方法

病鱼鳃组织血液循环障碍和菌丝的出现是鳃霉病的主要特征。该病的主要临床诊断要点如下：

① 病鱼呼吸困难，靠边漫游，鳃丝肿胀，黏液增多，出现花鳃或阴阳鳃的特色症状。

② 取鳃组织压片制作水封片，显微镜下观察见到的大量弯曲有分支，内含同步发育动孢子的鳃霉菌丝即可做出诊断。

5. 防治方法

鳃霉病目前尚无有效手段治疗，一旦暴发会导致鱼类大量死亡，因此做好预防工作是鳃霉病防治的重点。

① 放养前彻底清除过多淤泥，使用生石灰彻底清塘、消毒。

② 禁止从疫区购入苗种，严格检查苗种健康状况，避免放养带菌苗种。

③ 加强饲养管理，增强鱼体抵抗力，疾病流行季节定期加注新水，泼洒国标药物聚维酮碘溶液等进行水体消毒，以防水质恶化。

④ 一旦发病，应及时减料或停料，捞出病、死鱼，以避免病原的扩散。

⑤ 笔者曾使用以下方法成功治愈大鳞鲃鳃霉病：五倍子煎剂全池泼洒，使池水成 $6\sim8$ g/m³ 浓度（即每亩每米水深使用 $4\sim5$ kg），每天 1 次，连用 $3\sim5$ d。

十六、锥体虫病

1. 病原

锥体虫，在分类上隶属于肉足鞭毛门，动鞭毛纲，动基体目，锥体科，最先发现于鳟鱼血液中。虫体狭长，两端尖，呈弯曲的柳叶或飘带形，中部具一个圆形或卵圆形的胞核，大小一般在几十到一百微米。虫体在血液中不断地做快速屈伸运动，但位置移动较小（图 5-40）。

2. 症状

轻微感染时病鱼通常不出现明显症状，感染严重时，病鱼食欲减退，消瘦，贫血，剖检见鳃丝苍白，脾肿大发黑，可引起严重死亡。

3. 发病规律

锥体虫分布广泛，可感染多种淡水鱼和大多数海水鱼。鱼的锥体虫病通常为慢性型，但虫体一旦进入鱼体就会长期生存在鱼的血液中，因此该病一年四季都可见到。

除脊椎动物鱼外，锥体虫还需要以节肢动物或水蛭等吸食鱼血的无脊椎动物作为传播媒介。当水蛭等吸食病鱼血液时，锥体虫进入蛭类的消化道并在其中分裂繁殖，当水蛭再次吸食其他鱼的血液时，虫体进入新寄主，以完成疾病的传播。由于该病对传播媒介的依赖性,其在水库网箱或管理不好的池塘养殖中较为常见,但在饲养管理好的地方,发病率通常较低。

4. 诊断方法

锥体虫病是一种以水蛭等为传播媒介的慢性血液寄生虫疾病。主要临床诊断要点如下:

① 病鱼消瘦,贫血,生长不良,一般没有其他特殊症状。

② 环境中有大量的水蛭等传播媒介。

③ 取病鱼血液,制作血涂片或滴片显微镜下观察,见到大量柳叶形或飘带形虫体即可确诊。

5. 防治方法

由于锥体虫在血液中寄生的特点,目前尚无有效的治疗措施,重在预防。放养前彻底清塘、消毒,杀灭环境中的水蛭可有效抑制该病的扩散。

十七、鱼波豆虫病

1. 病原

鱼波豆虫,也称漂游口丝虫,在分类上隶属于动基体目,波豆科。虫体侧面观似汤匙样,正面或顶面观呈梨形或卵圆形,具 2 根或 4 根鞭毛,是虫体附着的胞器。虫体大小为$(5.5\sim11.5)\mu m\times(3.1\sim8.6)\mu m$,是最小的鱼类体外寄生虫(图 5-41)。

2. 症状

鱼波豆虫用鞭毛插入鱼体的鳃和皮肤组织中,在寄生数量少时,通常无明显症状,严重感染时,病鱼离群独游,不吃食,鳃盖不能闭合,呼吸困难,呼吸频率加快。鳃和皮肤黏液增多,鳃丝显著肿胀,皮肤充血、发炎、糜烂。镜检可见虫体似不自主地做翻转漂流样运动,或像一排气球样整齐地附着在组织上。除鳃和皮肤外,鱼波豆虫也可寄生在 2 龄以上鲤的鳞囊中,导致鳞囊积液、竖鳞(图 5-42、图 5-43)。

3. 发病规律

鱼波豆虫病在国内外都有发生,我国各地都有该病流行。繁殖适温为 12~20 ℃,主要流行于春、秋两季,可感染多种温水及冷水性鱼类,在北方越冬后易暴发。大小鱼都可发病,对鱼苗危害较大。该病常呈急性暴发,2~3 d 内可造成大批鱼苗和鱼种死亡。

4. 诊断方法

病鱼呼吸困难,体表和鳃黏液增多是该病的主要特征,主要临床诊断要点如下:

① 取鳃和皮肤黏液制作水封片,显微镜下观察可见大量梨形、卵圆形,做快速旋转漂流样运动的虫体即可确诊。

② 当虫体附着在组织上时,要注意与血细胞和上皮细胞区分,虫体常整齐排列,似气球样。

③ 当病鱼出现竖鳞症状时,需取鳞囊液镜检确认是否有鱼波豆虫感染。

5. 防治方法

① 放养前彻底清塘、清淤,消毒,加强饲养管理,提高鱼体抵抗力,避免鱼体受伤。

② 在鱼波豆虫病流行区或发生过该病的养殖场,鱼种下塘前使用 8～10 g/m³ 浓度的硫酸铜和硫酸亚铁合剂(5∶2)溶液浸泡 15～30 min。

③ 海水鱼发病时,用淡水浸洗 3～5 min,或全池泼洒硫酸铜和硫酸亚铁合剂(5∶2)溶液,使其在池水中的浓度为 0.8～1.2 g/m³。

④ 淡水鱼发病时,全池泼洒硫酸铜和硫酸亚铁合剂(5∶2)溶液,使其在池水中的浓度为 0.7 g/m³。

十八、六鞭毛虫病

1. 病原

六鞭毛虫,在分类上隶属于双滴虫目,六鞭毛科,六鞭毛属。杜加尔丁(Dujardin)于 1838 年首次从青蛙的肠道中分离到两种鞭毛虫,并创立了六鞭毛属。鱼体内的六鞭毛虫由摩尔(Moore)于 1992 年首次报道,为寄生于虹鳟体内的鲑六鞭毛虫。虫体呈纺锤形或卵圆形,形态似红细胞,但略大且两端较红细胞更尖,更细长。六鞭毛虫实际上有 4 对共 8 根鞭毛,包括游离在虫体前端的 3 对前鞭毛和沿虫体向后延伸的 1 对后鞭毛(图 5-44)。

2. 症状

六鞭毛虫可寄生在鱼的肠道、皮肤、肌肉和内脏等部位,表现出不同的症状。肠道寄生的虫体通常对寄主危害不大,但鱼有肠炎时可加重危害,严重时肛门拖有白色半透明的黏液便。组织内寄生时,病鱼游动缓慢,摄食减少或不摄食,体色暗淡,眼球突起,充血或浑浊。有的鱼体表皮肤和肌肉上形成大小、深浅不一的孔洞,以头部最为常见,故有人又将其称为"头洞病"(图 5-45)。初期孔洞较浅,像在皮肤上挖了一个坑一样,

82

有的有出血;后期孔洞变深,内部像化脓样病变,有时有脓液流出。镜检孔内液体,可见大量快速运动的椭圆形具有鞭毛的虫体(图5-46)。

3. 发病规律

鱼类六鞭毛虫只有一个宿主,其主要经口、肛门或体表伤口侵入,严重时可侵入血液和全身的各个组织器官,肝脏、肾脏、胆囊等最常被侵袭,并伴随细菌混合感染对鱼类造成严重伤害。

六鞭毛虫可感染多种鱼类,尤其以热带淡水观赏鱼如七彩神仙鱼、地图鱼和皇冠鱼等最为敏感。肠道感染的危害相对较小,但当水环境恶化,寄生虫数量多,鱼体受伤或营养不良等因素存在时,常引起以头洞为特征的组织损伤。

4. 诊断方法

病鱼头部皮肤和肌肉出现大小、深浅不一的孔洞是该病的主要特征。主要临床诊断要点如下:

① 病鱼出现特征性的孔洞时,应刮取头洞或体表溃烂处的液体制作水封片,显微镜下观查,发现有大量快速游动的椭圆形虫体即可诊断。

② 需要注意,有多种因素如维生素C缺乏、环境应激等可引起病鱼出现头洞症状,这些因素也可以与寄生虫一起共同引起头洞症状。

③ 当出现明显的肠炎和黏液便时,应刮取后肠末端粪便制作水封片,置于显微镜下观查。

5. 防治方法

该病为条件性致病,重在预防和早期治疗。

① 彻底消毒养殖用水,保持良好而稳定的水环境,避免环境突变,减少水产动物的应激。

② 养殖过程中应减少捕捞等操作,注意避免鱼体受伤,注意补充维生素与微量元素,增强鱼体抵抗力,消除六鞭毛虫大量繁殖滋生的诱因。

③ 一旦发病,则必须使用药物浸浴治疗。对于观赏鱼发病,常使用的药物有甲硝唑和一些复方商品药如日本的龙牌六鞭毛虫杀手、我国台湾的海宝系列产品贺利沙民等。商品药效果较好,但价格较高。病情较轻时,可用甲硝唑直接涂抹在鱼体溃烂处,或用 $7 g/m^3$ 浓度进行长时间浸浴,隔天1次,连用3次。病情严重时,则建议选用其他商品药物,以口服和药浴结合的方式进行治疗,如用贺利沙民按1%的添加量拌料投喂,重症者可加倍,5~7 d为1个疗程,同时将贺利沙民药粉制成膏状直接涂抹在病鱼溃烂处。

十九、球虫病

1. 病原

艾美虫,又叫球虫,在分类上隶属于球虫目,艾美虫亚目,艾美虫科,常见的种类有青鱼艾美虫、住肠艾美虫、鲤艾美虫、中华艾美虫和鳙艾美虫等。不同种类艾美虫的卵囊形态不同,但通常都呈卵形或球形,由一层透明的卵囊膜包裹 4 个孢子囊组成。成熟卵囊较大,直径一般在数十微米,低倍镜下很容易观察到,孢子囊和孢子体一般在高倍镜下才可明显看到(图 5 - 47、图 5 - 48)。

2. 症状

艾美虫寄生在草鱼、鲤鱼等的消化道和肝脏、肾脏、胆囊、鳔等器官和组织的上皮细胞内,少量寄生时无明显症状,大量寄生时,病鱼食欲减退、游动缓慢,体色发黑,消瘦,腹部略膨大。解剖见病鱼前肠肿胀,肠壁上有白色小结节——卵囊团,严重时引起肠穿孔和死亡。艾美虫大量寄生在 1 足龄以上鲢、鳙的肾脏时,可引起病鱼贫血,腹部膨大,竖鳞,突眼和腹水,肝、肾贫血,病鱼逐渐死亡。

3. 发病规律

艾美虫可感染多种海水鱼和淡水鱼,主要寄生在肠道和内脏器官中。不同种类的艾美虫对宿主有严格的选择性,但一条鱼可能同时被几种艾美虫寄生。

艾美虫是细胞内寄生,生活史中不需要更换寄主,病鱼主要通过吞食卵囊感染,在夏、秋高水温季节多发。

4. 诊断方法

艾美虫是一种以病鱼形成卵囊团为主要特征的寄生虫病。主要临床诊断要点如下:

① 消化道中形成白色结节,取结节压片显微镜下观察,见大量球形或卵圆形的虫体即可诊断。

② 当病鱼出现竖鳞、腹水等症状时,应取其肾脏组织压片仔细检查,确认是否有球虫卵囊的存在。

5. 防治方法

艾美虫为细胞内寄生虫,主要靠预防,一旦发病没有很好的治疗方法。

① 利用艾美虫对宿主的严格的选择性,在疾病流行地区采用轮养的方式进行预防。

② 彻底清塘,放养前检查,避免选用带虫苗种,养殖过程中定期检查,一旦发病应尽

治疗。

③ 肠道寄生的艾美虫可按每千克鱼每天 24 mg 碘的量拌饲料,制成药饵投喂,连用 4 d。

二十、黏孢子虫病

1. 病原

黏孢子虫,在分类上隶属于黏体门,黏孢子纲,包含较多寄生虫,如碘泡虫、尾孢虫、库道虫、四极虫、两极虫、单极虫、七孢虫等。不同种类黏孢子虫的形态差别很大,但每个孢子都具有壳片和极囊,极囊内有极丝,有的虫体有嗜碘泡。黏孢子虫的生活史必须经过裂殖生殖和配子形成两个阶段,通过孢子感染宿主,其通过被鱼类吞食或通过伤口进入鱼体,并在其中不断繁殖(图 5 - 49)。

2. 症状

黏孢子虫的种类很多,可寄生在鱼体的不同部位,除引起生长不良、消瘦、贫血等常见症状外,还可表现出一些特殊症状。通常组织寄生的寄生虫如碘泡虫、尾孢虫、库道虫等,可在寄生部位如鳃、体表皮肤、肌肉和内脏组织等处形成肉眼可见的白色或浅灰黄色包囊。寄生在胆囊、膀胱、输尿管等腔道部位的寄生虫如两极虫、角孢子虫等,则不形成包囊,孢子游离存在于管腔中,严重感染时可造成寄生部位感染和阻塞,如胆囊膨大、胆囊壁充血、胆管堵塞和发炎等。

当孢子虫在一些重要器官组织中寄生时,还可引起病鱼相应的功能障碍。如七囊虫寄生在鲈、鲷和红鳍东方鲀等海水鱼的脑内,引起病鱼游动异常,脊柱弯曲,肝脏萎缩、褪色和淤血。鲢碘泡虫寄生在鲢的脑、脊髓和颅腔等部位并形成大小不一、肉眼可见的白色包囊(图 5 - 50),病鱼极度瘦弱,头大尾小,尾部上翘,在水中离群独自急游打转,常反复跳出水面或侧游打转,故叫疯狂病。笔者曾接诊 1 例水库养殖鳙的病例,病鱼腹部膨大(图 5 - 51),鳔畸形,后鳔几乎完全萎缩,有大量腹水,内脏组织尤其肝脏中有大量碘泡虫寄生(图 5 - 52),肝上有大量白色包囊,严重时整个肝脏几乎被寄生虫完全取代,看不到正常的肝组织。

3. 发病规律

黏孢子虫病是一种世界性鱼病,发病没有明显的季节性,常年可见。鲆鲽类、鲈鱼、石斑鱼、鲷类、海龙、海马以及鲤、鲫、鲢、鳙、鲂等各种海水、淡水鱼类都可感染发病。

黏孢子虫的生活史比较复杂,不同种类之间也有差别,其感染途径还不清楚,通常认为其生活史包括裂殖生殖和配子形成两个阶段。有研究认为,水蚯蚓等水生寡毛类动物可能是黏孢子虫的中间寄主,在其发育和传播过程中发挥重要作用。

4. 诊断方法

形成包囊是黏孢子虫病的重要特征之一,但也有部分病例是不形成包囊的。黏孢子虫病的主要临床诊断要点如下:

① 在鳃、肌肉、脑等各个部位出现大小不一,肉眼可见的包囊时,应考虑黏孢子虫感染。但需取包囊压片,制作水封片镜检,以区别卵涡鞭虫、微孢子虫、单孢子虫和小瓜虫以及痘疮病感染早期等病症。

② 当病鱼表现出瘦弱,贫血等疑似寄生虫寄生症状,但未见明显包囊时,应仔细检查各腔道组织,确认是否有黏孢子虫感染。

③ 当出现严重组织坏死时,应取坏死边缘组织压片,制作水浸片仔细镜检是否有寄生虫存在,应注意区分组织细胞与寄生虫虫体。

5. 防治方法

① 彻底清塘,清除池底过多淤泥,并用生石灰彻底消毒,杀灭环境中的虫体和水蚯蚓等可能的中间寄主。

② 鱼种放养前仔细检查,不购买和放养带病或疫区的苗种。

③ 发现病死鱼及时捞出,避免病原扩散。

④ 在黏孢子虫病流行的地区或有发病史的池塘或养殖水体,定期施用晶体敌百虫,使水体浓度成 $0.2 \sim 0.3 \ g/m^3$,每月 $1 \sim 2$ 次。

⑤ 体表和鳃上寄生的黏孢子虫可参考预防方法全池泼洒晶体敌百虫,或全池泼洒百部贯众散,使水体浓度成 $3 \ g/m^3$,连用 $5 \ d$。

⑥ 肠道寄生的黏孢子虫可在泼洒敌百虫的同时,按一次量每千克鱼体重用 $2.0 \sim 2.5 \ mg$(有效成分计)的地克珠利给药。

二十一、斜管虫病

1. 病原

斜管虫,在分类上隶属于纤毛门,动基片纲,管口目,斜管科。侧面观虫体背部隆起,腹面平坦,腹面观虫体呈卵形或心形,故也称心形虫。虫体腹部两侧的纤毛线上长有纤毛,腹面前中部有一个与身体纵轴成 $30°$ 倾斜角的漏斗状的口管,故得名斜管虫。虫体中后部有一个明显的圆形大核,纤毛线位于大核两侧,以横二分裂及接合生殖的方式进行繁殖(图5-53)。

2. 症状

寄生在鱼体表及鳃上,少量寄生时对鱼危害不大。大量寄生时,病鱼呼吸困难,体表组织损伤,黏液增多,皮肤上出现一层苍白或淡蓝色的黏液。鱼苗患病时,体表有污物附着,呈拖泥症状。严重时,病鱼很快因呼吸困难死亡(图5-54)。

3. 发病规律

斜管虫主要危害淡水鱼,为世界性鱼病,在我国南北方都有发生。寄生虫的繁殖适温为12~18 ℃,一般在春、秋和冬季水温较低时流行。成鱼和鱼苗、鱼种都可发病,对鱼苗、鱼种危害尤为严重。在小水体如池塘、水族箱,以及鱼苗、鱼种运输途中容易发生。该病病程通常呈急性,在水温及其他条件符合时,2~3 d内即可造成大批病鱼死亡。

4. 诊断方法

病鱼呼吸困难,体表和鳃出现大量黏液为该病的主要特征。临床诊断时应注意以下几点:

① 呼吸困难和黏液增多可见于多种疾病,尤其是体表和鳃的寄生虫病,确诊需要镜检观察病原。

② 取鳃和皮肤黏液制作水封片,在显微镜下观察到心形虫体即可确诊。

5. 防治方法

① 加强饲养管理,增强鱼体体质,北方越冬前检查鱼体,发现带虫者必须及时杀灭,尽量缩短越冬停料时间。

② 发病后,可全池泼洒硫酸铜与硫酸亚铁合剂(5:2),使其在池水中的浓度为0.7 g/m³。

二十二、车轮虫病

1. 病原

车轮虫,种类较多,在分类上隶属于纤毛门,寡膜纲,缘毛目,车轮虫科,车轮虫属和小车轮虫属。车轮虫侧面观似毡帽状,反口面观可见几丁质的齿环和辐线规则排列成环状,因形似车轮而得名(图5-55)。

2. 症状

车轮虫主要寄生在海水、淡水鱼的鳃上(图5-56),刺激鳃丝,引起鳃小片上皮细胞增生,分泌大量黏液,在鳃丝外形成一个黏液层。寄生数量少时宿主鱼不显症状,大量寄生时,病鱼游动缓慢,食欲减退或废绝,呼吸困难而死。淡水鱼类还发现车轮虫可寄生在皮肤、鼻孔、膀胱、输尿管等处,寄生部位黏液增多。

当孵化桶中的鱼苗感染时,病鱼浮在水面张嘴呼吸,头部和嘴部有大量白色黏液,呈"白头白嘴"症状,下塘饲养超过 10 d 的鱼苗发病时成群绕池边快速游动,呈"跑马"症状。

3. 发病规律

车轮虫病一年四季均可发生,以夏季水温较高时多发,流行水温为 20～28 ℃。该病在水质肥沃的小面积浅水中易暴发,通过接触传播。海水、半咸水和淡水养殖鱼类都有发现,大小鱼均可感染发病,对鱼苗危害较大,常造成 3 cm 以下苗种大量死亡。

4. 诊断方法

车轮虫病以病鱼鳃和体表黏液增多、呼吸困难为主要特征。主要临床诊断要点如下:

① 病鱼常有呼吸困难和黏液增多症状,取鳃丝或体表黏液制作水封片,镜检发现毡帽形或车轮样虫体即可诊断。

② 需要注意车轮虫少量寄生时并不造成很大危害,一般低倍镜下 1 个视野达 30 个以上虫体时,可诊断为车轮虫病。

③ 鱼苗出现白头白嘴症和"跑马"症状时,需要注意鉴别病因,白头白嘴症状也可以由细菌感染引起,饵料缺乏导致鱼苗饥饿也可能是跑马症状的病因。

5. 防治方法

① 加强日常检测,抽检病鱼鳃上车轮虫寄生情况。

② 淡水鱼发病后,全池泼洒硫酸铜和硫酸亚铁合剂(5∶2),使池水成 0.7 g/m³ 浓度。

③ 海水鱼发病后,可用淡水浸洗 5～10 min 或全池泼洒硫酸铜和硫酸亚铁合剂(5∶2),使其在池水中的浓度为 1.2～1.5 g/m³,或使福尔马林在池水中的浓度为 25～30 mg/L。

二十三、白点病

1. 病原

白点病是由刺激隐核虫和多子小瓜虫分别寄生在海水、淡水鱼类体表和鳃上引起的常见寄生虫,二者病原不同,但症状和防治方法相似,故在此合并介绍。

多子小瓜虫,在分类上隶属于动基片纲,膜口亚纲,膜口目,凹口科,小瓜虫属。成虫一般呈卵圆形或球形,乳白色,成虫虫体柔软,全身披纤毛,大核香肠形或马蹄形,直径为 $300\sim800~\mu m$,肉眼可见,是目前在鱼体上发现的最大寄生原虫。生活史分为成虫期、幼虫期及包囊期三个阶段,不需要中间寄主,靠包囊和幼虫传播(图 5 - 57、图 5 - 58)。

刺激隐核虫,属寡膜纲,膜口亚纲,膜口目,凹口科,隐核虫属,寄生在鱼体上的虫体为营养体,呈球形或卵圆形,全身披均匀一致的纤毛,直径 $400\sim500~\mu m$。刺激隐核虫外部形态与多子小瓜虫相似,但其大核由 4 个卵圆形的串珠状团块构成。生活史分为营养体、包囊前期、包囊期和幼虫四个阶段,同样不需要中间宿主(图 5 - 59)。

2. 症状

多子小瓜虫在鱼体寄生时,可在鱼体表、鳍条或鳃部等不定部位形成数量不等的白色小点,因而得名白点病。当病情较轻时,体表仅见个别白点,严重时,病鱼体色发黑,消瘦,在池边聚堆游动,鱼体与固体物摩擦,体表、鳍、鳃、口腔和眼等处都布满小白点,同时伴有大量黏液,表皮糜烂、脱落。病鱼最后因呼吸困难而死(图 5 - 60)。

刺激隐核虫感染时,病鱼同样表现为呼吸困难,喜与固体物摩擦,体表、鳍、鳃、口腔和眼等处出现数量不等的小白点(图 5 - 61、图 5 - 62),并有大量黏液。肉眼观察,刺激隐核虫感染引起的白点症状与引起的多子小瓜虫引起的淡水鱼白点病症状很相似,因此也称白点病,或海水鱼白点病。不过隐核虫在皮肤上寄生的很牢固,必须用镊子用力才能刮下,小瓜虫则很易脱落。

3. 发病规律

多子小瓜虫没有宿主专一性,可危害各种淡水鱼类,为世界性流行病。多子小瓜虫的繁殖适温为 $15\sim25~℃$,虫体在 $15\sim20~℃$时侵袭能力最强,自然发病流行于冬初、春末,在 $28~℃$以上时少见自然发病。当养殖密度高、水质恶劣,鱼体抵抗力差时易发生感染。在大棚养殖观赏鱼时,如果突然加注温差过大的井水,极易诱发此病。

刺激隐核虫可危害各种海水鱼类,没有宿主专一性,也是世界性流行病。刺激隐核虫的繁殖适温为 $10\sim30~℃$,虫体在 $15\sim20~℃$时侵袭能力最强,流行于夏季和秋初。该病的暴发也与饲养管理不当,水质恶化和鱼体抵抗力下降有关。

4. 诊断方法

① 病鱼全身各处布满白点是该病的主要特征,看到白点即可初步诊断。

② 刮取黏液和白点,在显微镜下发现虫体即可确定诊断。

5. 防治方法

① 清除池底过多淤泥,用生石灰或漂白粉彻底消毒。

② 确定合理的放养密度,加强饲养管理,提高鱼体抵抗力。保持水质清洁和稳定,避免水温变化过大。

③ 定期抽样检测虫体携带情况,发现病鱼及时处置。

④ 发病后及时隔离和捞出病、死鱼,清理池底残饵粪便,以带走其中的包囊,降低感染程度。同时清理洗刷工具和水槽,定期用过氧化钙泼洒,以免包囊孵化后再感染其他鱼。

⑤ 白点病目前尚无理想的治疗方法,在疾病早期采用以下措施有一定效果。一般在晚上用药效果较好。

⑥ 多子小瓜虫感染,全池遍洒福尔马林,使其在池水中的浓度为 15～25 mg/L,隔天 1 次,或遍洒亚甲基蓝使池水成 2 mg/L 浓度,每天 1 次,连续数天。

⑦ 刺激隐核虫病可在疾病早期全池遍洒福尔马林,使其在池水中的浓度为 25 mg/L,每天 1 次,连用 3 次。或根据鱼的耐受程度使用淡水浸洗鱼体。出现内脏白点病可拌料服用盐酸多西环素等抗菌药物进行治疗。

二十四、盾纤毛虫病

1. 病原

盾纤毛虫,在分类上隶属于纤毛门,寡膜纲,盾纤目,已报道的常见种类有海洋尾丝虫、水滴伪康纤虫、指状拟舟虫、蟹栖异阿脑虫和贪食迈阿密虫等。纤毛虫体表被有均匀一致的纤毛,不同种类大小不同,多为几十微米。虫体形态与生存条件有关,一般刚从组织中分离出来的虫体较为浑圆,经培养后虫体变瘦变长,呈瓜子形(图 5-63)。

2. 症状

盾纤毛虫可以感染多种鱼类并表现出不同的症状。大多数鱼表现为体色发黑,活力减弱、游动慢、摄食减少。鲆鲽类感染发病后,初期体表和鳃上黏液增多,体表常形成局灶性褪色斑,鳍条边缘充血,出血,变红。严重时病鱼体表大片褪色并形成溃疡(图 5-64),鳍基部出血。除侵害鱼体表皮肤、鳍、肌肉外,纤毛虫还可侵入眼球、腹腔、肾脏、胰脏甚至脑组织而造成鱼大量死亡。

盾纤毛虫感染河鲀时,病鱼有两种独特形式。第一种是病鱼全身体表发红,出现大量红斑(图 5-65),体表黏液显著增多,增生的黏液呈绵毛或絮状覆盖在鱼体,鱼体上像长了白毛一般(图5-66)。第二种是病原侵入鱼体内部组织,尤其是头背部较为常见,导致病鱼眼球浑浊,眼周围组织肿胀(图5-67)。

3. 发病规律

盾纤毛虫是一种组织内寄生的兼性寄生虫,一般情况下营自由生活,以水中悬浮的细菌、微藻和原生动物等颗粒物质为食,但在鱼体受伤、环境恶化等情况下则可引起海水动物感染发病。

该病是海水鱼类最重要和最常见疾病之一,鲆鲽类、鲷鲈类、鲀类等皆可发病。该病在育苗和养成期均可发生,一旦发病后可快速传染扩散,发病率高,常造成大量死亡。不同种类流行季节和水温略有不同,通常在春末和夏初水温为15~20 ℃时暴发流行。

4. 诊断方法

取病鱼皮肤黏液或鳃等患处组织,制成水封片在显微镜下观察,看到虫体即可确诊。但应注意,当鱼体表面有少量纤毛虫寄生时不一定属于盾纤毛虫感染,应进一步仔细检查并结合临床症状进行分析。

5. 防治方法

① 引进的苗种要经过严格检验,避免虫体引入。

② 育苗或养殖用水应先进行过滤和消毒处理,避免经水源引入虫体。

③ 投饵适量,及时清除残饵、粪便,保持水质清洁。

④ 定期检查,发现病鱼及时处置,避免病原扩散,引起大规模暴发。

⑤ 一旦发病,将温度升至20 ℃以上。

⑥ 使用200~300 mg/L的福尔马林药浴2 h,或10~15 mg/L高锰酸钾药浴10 min,连续药浴3~5 d。需要注意,当盾纤毛虫侵入内脏器官和脑组织时尚无有效的治疗方法。

二十五、指环虫病

1. 病原

指环虫,分类上隶属于单殖吸虫纲,多钩亚纲,指环虫目,指环虫科,鱼类常见寄生种类有鳃片指环虫、坏鳃指环虫和小鞘指环虫等。虫体细长扁平,具4个眼点,2对头器,后固着器上有1对中央大钩和7对边缘小钩(图5-68)。

2. 症状

指环虫寄生在鱼的鳃上,对寄主有一定的选择性。寄生数量少时,一般没有明显症状,大量寄生时,病鱼鳃盖张开,呼吸困难,常在水面呼吸。检查可见鳃丝肿胀,苍白贫血,黏液增多,鳃局部充血、出血,呈花鳃状。镜检可见鳃小片上皮细胞肿胀,增生,鳃小片融合呈棍棒状。

3. 发病规律

指环虫病是淡水鱼类的常见多发病,各种鱼类都可发生,但每种指环虫对寄主有一定选择性。该病主要流行于春末夏初,靠卵和幼虫传播,常造成大量鱼苗鱼种的死亡。

4. 诊断方法

取鳃组织压片,显微镜下观察鳃上寄生的虫体。需要注意虫体数量,一般低倍镜下每个视野中有5个寄生虫,或每片鳃有50个以上寄生虫时可确诊为指环虫病。

5. 防治方法

① 鱼种放养前,用 $20\ g/m^3$ 的高锰酸钾溶液或 $5\ g/m^3$ 的晶体敌百虫溶液浸浴 $15\sim30\ min$,以杀灭或驱除鱼体寄生的指环虫。

② 发病后,全池施用晶体敌百虫溶液,使池水成 $0.3\sim0.7\ g/m^3$ 的浓度。注意鳜、斑点叉尾鲴、大口鲇等对敌百虫敏感,禁用此药。

二十六、三代虫病

1. 病原

三代虫,分类上隶属于单殖吸虫纲,三代虫目,三代虫科,鱼类常见的寄生种类有鲢三代虫、鲻三代虫和秀丽三代虫等。三代虫虫体形态与指环虫相似,但仅有一对头器,没有眼点,后固着器伞形,有1对中央大钩和8对边缘小钩,雌雄同体,体内常有 $2\sim3$ 代胚胎,以胎生方式生殖(图5-69)。

2. 症状

三代虫可寄生于病鱼体表、皮肤和鳃(图5-70),少量寄生时病鱼无明显症状,当寄生数量多时,病鱼消瘦,无力,呼吸困难,食欲减退。寄生在鳃上时,病鱼症状与指环虫病相似,鳃黏液增多,严重者鳃瓣边缘呈灰白色,鳃丝上呈斑点状充血和出血。寄生于体表时,病鱼不安,常在水中狂游,皮肤上有一层灰白色黏液。

3. 发病规律

三代虫病是一种世界性鱼病,可危害多种海水、淡水鱼类。池塘养殖和室内越冬池条件下易发病,对鱼苗、鱼种的危害尤为严重。

4. 诊断方法

取鳃组织或与体表黏液制作水封片,低倍显微镜下观察,或取鳃瓣或整个小鱼苗置于培养器内(加入少许水),在解剖镜或放大镜下观察,发现虫体即可诊断。

5. 防治方法

同指环虫病。

二十七、异沟虫病

1. 病原

鲀异沟虫,分类上隶属于单殖吸虫纲,寡钩亚纲,钩铗虫目,八铗虫科,异钩盘虫属,为鲀科鱼类所特有的寄生虫。虫体背腹扁平,呈舌状,成虫体长可达 2 cm,有 4 对构造相同的固着铗,对称排列在虫体后部。虫卵呈梭形,黄绿色,由卵丝串联成串。卵在壳内发育成纤毛幼虫后冲开卵盖游出,遇到宿主后附着在鳃上,逐步发育为成虫(图5-71)。

2. 症状

病鱼体色发黑,呼吸困难,食欲减退或停止摄食,游动无力,逐渐消瘦直至死亡。在夏秋繁殖季节,病鱼鳃孔外面常常拖挂着链状黄绿色卵丝,上有梭形虫卵,这是该病的显著特征。

异沟虫幼虫寄生在河鲀鳃丝上,成虫则寄生在鳃腔后部的肌肉上。剪开鳃盖可见鳃片苍白贫血,鳃丝末端组织坏死、解体,黏液增多,鳃丝上有蠕动的片形虫体。鳃腔深处有黑色或灰褐色的舌状虫体,虫体可长达 2 cm 左右,虫体寄生处肌肉组织隆起。异钩虫寄生较多的病鱼,鳃丝严重受损糜烂,上有异沟虫卵丝缠绕,组织溃疡崩解,发出腐臭气味。

3. 发病规律

异沟虫主要寄生于鲀科鱼类的鳃上,异沟虫病也是鲀科鱼类最常见的寄生虫病之一。该病一年四季均可发生,流行于夏、秋季节。该病病程较长,发病率可达 90% 以上,发病后若未及时处置,死亡率可超过 75%。

4. 诊断方法

① 该病主要发生于鲀科鱼类。

② 观察鳃腔中是否有卵丝,或取鳃丝和鳃腔肌肉隆起部位的组织压片,镜检看到虫卵或虫体可以确诊。

5. 防治方法

① 鱼苗放养前,使用 500 mL/m³ 的福尔马林浸洗 5 min,以杀灭鳃上的幼虫。

发病后可采用以下方法之一进行治疗:

② 体质量约为 20 g 及以上的红鳍东方鲀患病后,使用 600 mL/m³ 福尔马林溶液浸浴 1 h,8 d 后重复药浴 1 次,可以控制该病的发展和扩散,但不能杀灭成虫。

③ 淡水浸洗 5～15 min,同时,淡水中加入恩诺沙星 2～5 mg/L 的浓度,预防细菌性继发感染。

④ 全池遍洒甲苯咪唑,使水体浓度成 1 g/m³,间隔 1 周左右再泼药 1 次。

二十八、血居吸虫病

1. 病原

血居吸虫,在分类上隶属于血居目,血居科,有较多种类,其中龙江血居吸虫对鱼类的危害较大。血居吸虫的生活史分为卵、毛蚴、胞蚴、雷蚴、尾蚴、囊蚴和成虫 7 个阶段,以螺作为中间寄主,鱼是终末寄主。卵在水中孵出毛蚴,毛蚴钻入螺体内依次发育成胞蚴、雷蚴和尾蚴,尾蚴逸出螺体后钻入鱼体,最终发育为成虫。血居吸虫的成虫扁平梭形,寄生于心脏和动脉球中,虫卵椭圆形至橘子瓣状,尾蚴具尾叉和鳍形结构,可在水中游动,寻找宿主并钻入鱼体(图 5 - 72)。

2. 症状

血居吸虫的多个发育阶段可对鱼体造成危害并引起急性和慢性两种不同类型的症状。急性症状主要为水中尾蚴数量多,短时间内大量钻入鱼苗体内,造成鱼苗不安,在水面急游打转,不久即死亡。慢性型则是尾蚴少量、分散的钻入鱼体,进入血液循环发育为成虫并产卵。成虫寄生于心脏和动脉球中,可使鱼贫血,影响动脉功能。卵随血液被带到全身各部位,尤以鳃和肾脏多见。大量虫卵聚集在鳃部,阻塞鳃丝血管,引起鳃丝肿胀,鳃盖不能闭合。当虫卵发育成熟,孵出毛蚴时可再次造成鳃损伤,血管破裂出血。肾脏中聚集较多虫卵时,可损伤肾组织,引发病鱼突眼、腹水、竖鳞。

3. 发病规律

血居吸虫病为世界性鱼病,许多国家都有血居吸虫造成大量死鱼的报道。多种海、淡水鱼类可被感染发病。血居吸虫种类很多,但对寄主有严格的选择性。该病主要流行于夏季和冬季,可引起团头鲂、鲢、鲤、鲫等多种鱼类鱼苗、鱼种的急性死亡,尤以鲢和团头鲂的鱼苗、鱼种受害最为严重。

4. 诊断方法

① 取鳃和肾组织压成薄片检查,发现虫卵存在即可诊断,尤其鳃组织中检出橘子瓣形虫卵时可做出确定诊断。

② 检查心脏、动脉球内是否有扁平、梭形的片状虫体。

③ 调查环境中是否有大量的中间寄主——螺,这是该病发生和流行的必要条件。

5. 防治方法

① 放鱼前彻底清塘,用漂白粉或生石灰消毒,杀灭中间寄主——螺。

② 养殖过程中注意控制螺类生长,可以混养吃螺的鱼类或用水草诱螺杀灭,进水时过滤防止带入螺类。

③ 在疾病流行地区,利用病原对寄主的选择性进行轮养预防。

④ 发现疾病后,可施用晶体敌百虫,使其在水体中的浓度为 0.5 g/m^3 以杀灭水中尾蚴。

二十九、头槽绦虫病

1. 病原

常见种类有九江头槽绦虫和马口头槽绦虫,在分类上隶属于扁形动物门,绦虫纲,多节绦虫亚纲,头槽科。虫体带状,背腹扁平,为头节、颈、体节 3 个部分,其中头节是绦虫生活和生长的重要部分,其形状是重要的分类依据,体节根据其生殖系统的成熟程度,从前往后分为未成熟节片、成熟节片和妊娠节片 3 种。

绦虫的生活史分为卵、钩球蚴、原尾蚴、裂头蚴和成虫 5 个阶段。成虫产卵后,卵随宿主粪便落入水中孵化成钩球蚴,被剑水蚤吞食后发育为原尾蚴,感染原尾蚴的剑水蚤被鱼吞食后发育为裂头蚴和成虫,成虫性成熟后继续产卵(图 5-73)。

2. 症状

轻度感染时病鱼无明显症状,当寄生数量较多时,病鱼体色发黑,食欲减退,消瘦贫血,常离群靠边缓游,口常张开。剖检发现,病鱼肠道尤其前肠显著膨大呈囊状,肠壁透明,内可见白色带状虫体(图 5-74)。剖开肠道见肠内密集虫体,肠壁充血,发炎,黏液增多,严重时肠道被虫体完全阻塞。

3. 发病规律

该病最初流行于广东、广西地区,现已成为我国大部分地区淡水养殖鱼类的常见病。草鱼、团头鲂、鲤、鲢、鳙、鲮等都可寄生,对草鱼和团头鲂鱼种的危害尤为严重。草鱼的感染强度与体长关系密切,体长超过 10 cm 时感染较少,这与草鱼的食性转换,不再摄食可能带虫的中间寄主有关。

4. 诊断方法

剖开腹腔,见膨胀扩张的肠道,内有白色带状虫体即可诊断。

5. 防治方法

① 放养前使用生石灰或漂白粉带水清塘,彻底杀灭可能携带钩球蚴的中间寄主剑水蚤。

② 在疾病流行地区,定期抽检,发现有患病后及时投喂晶体敌百虫药面(药与面粉比为 1∶9),或按每 50～100 mg/kg 体重的剂量投喂吡喹酮预混剂药饵,间隔 3～4 d 投喂 1 次,连续投喂 3 次。团头鲂对吡喹酮敏感,应慎用。

三十、嗜子宫线虫病

1. 病原

嗜子宫线虫,在分类上隶属于线虫纲,嗜子宫科,常见种类有鲤嗜子宫线虫、鲫嗜子宫线虫、藤本嗜子宫线虫、鲷嗜子宫线虫等。线虫外形细长呈线形,成熟雌虫常呈血红色,又称"红线虫"(图 5 - 75)。嗜子宫线虫有较强的宿主特异性,都以镖水蚤为中间寄主。线虫幼虫随中间寄主镖水蚤被鱼吞食后,从鱼的肠道进入体腔中继续发育,雌虫在成熟前经肌肉移行到鳞片下或鳍条等部位钻出体表入水,虫体破裂产出幼虫。

2. 症状

寄生数量少时,鱼体没有明显症状,寄生数量多时,病鱼消瘦、贫血,生长不良甚至死亡。在发育成熟前,嗜子宫线虫的雄虫通常寄生在鱼的腹腔和鳔中,雌虫则在不断往体表移行,因此很难检查到虫体。在接近繁殖季节时,由于肌肉中虫体的存在,一些无鳞鱼如黄鳝会在体表局部形成突起,划开后可见盘曲在一起的虫体。雌虫发育成熟后钻出体表时,可在体表看到明显的虫体。鲤嗜子宫线虫寄生在鳞片下,引起寄生部位出血,发炎,竖鳞,常继发水霉和细菌感染。鲫嗜子宫线虫则从尾鳍钻出,在鳍条中形成血红色的线条状虫体(图 5 - 76)。

3. 发病规律

全国各地均有发生。该病在繁殖季节时病鱼体表可见虫体,一般在 6 月份后,繁殖结束,体表就不再有虫体。

4. 诊断方法

由于雄虫很小且寄生在腹腔中,不易检查,该病主要通过检查发现雌虫进行诊断。

在繁殖季节时,肉眼观察鱼体体表的虫体即可诊断。繁殖季节前注意检查有无竖鳞或局部突起等症状,掀起鳞片或划开突起部位的肌肉,发现盘曲在一起的虫体即可诊断。

5. 防治方法

① 放养前使用生石灰彻底清塘,杀灭环境中的幼虫和中间寄主。

② 因该病平时难以检查发现,确诊时通常已是繁殖季节,因此不必针对寄生虫进行治疗,可用 2.0～2.5% 食盐水浸浴鱼体,以防止继发细菌或水霉感染。

③ 在繁殖季节,全池施用晶体敌百虫,使其在水体中的浓度为 $0.5\ g/m^3$,以杀灭水体中寄生虫幼虫和中间寄主。

三十一、中华鳋病

1. 病原

中华鳋,在分类上隶属于桡足亚纲,剑水蚤目,鳋科。常见的寄生种类有大中华鳋、鲢中华鳋和鲤中华鳋等。生活史经卵、无节幼体、桡足幼体、幼鳋和成虫 5 个阶段,只有雌性中华鳋成虫营寄生生活,寄生在鱼鳃上,桡足幼体和雄性成虫都营自由生活。不同种类虫体形态和大小略有不同,大中华鳋雌性成虫虫体和卵囊较为细长,鲢中华鳋虫体较为粗短,鲤中华鳋形态与鲢中华鳋相似,但颈状假节略向外突出(图 5 - 77)。

2. 症状

中华鳋寄生时用第二触肢钩住鱼鳃,对鳃造成严重的损伤。但寄生数量少时,鱼体一般没有明显症状,寄生数量较多时,会严重影响鱼的呼吸。病鱼消瘦,不安,常在水面转圈或狂游,部分尾鳍露出水面,故有"翘尾巴病"的说法。病鱼鳃丝肿胀,黏液增多,苍白贫血,末端可见白色的蛆状虫体,故又称"鳃蛆病"。镜下可见鳃丝腐烂缺损,严重充血,肿胀,黏液分泌增多(图 5 - 78,图 5 - 79)。

3. 发病规律

全国各地都有发生,疾病流行和水温有关,辽宁地区在 4—9 月都可见到。不同种类中华鳋对寄主有严格的选择性,大中华鳋寄生在草鱼、青鱼、鲇鱼、淡水鲑鱼等的鳃丝末端内侧,鲢中华鳋寄生在鲢、鳙的鳃丝末端内侧和鲢的鳃耙上,鲤中华鳋则寄生于鲤、鲫的鳃丝上。

4. 诊断方法

肉眼观察鳃丝上有乳白色蛆状虫体即可诊断,具体种类可取出虫体在显微镜下观察确定。

5. 防治方法

① 由于寄生虫对宿主有严格的选择性,在该病流行地区,可采用轮养的方式进行预防。

② 一旦发病,全池施用晶体敌百虫,使其在水体中的浓度为 $0.7\,g/m^3$。

三十二、锚头鳋病

1. 病原

锚头鳋,在分类上隶属于桡足亚纲,剑水蚤目,锚头鳋科。危害较大的种类有多态锚头鳋、草鱼锚头鳋、鲤锚头鳋等。锚头鳋的寄生与生长阶段和性别有关,桡足幼体阶段营暂时性寄生生活,雌性成虫营永久性寄生生活,雄性成虫营自由生活(图5-80)。

2. 症状

病鱼食欲减退,消瘦,不安,偶尔挣扎游动或跳出水面。虫体寄生在鱼体表、口腔等部位,以头胸部的头角扎入鱼体的肌肉或鳞片,其余大部留在鱼体外部,肉眼可见(图5-81、图5-82)。根据鱼体锚头鳋发育阶段不同,可以分为童虫、壮虫和老虫3种形态。童虫是锚头鳋在鱼体表寄生的初始阶段,虫体细长,白色如针状,无卵囊,故名"针虫病";随后虫体变得透明,可见体内肠道蠕动,具1对绿色卵囊,即壮虫阶段;到老虫期时,虫体不透明,常附着大量累枝虫、钟虫等原生动物和藻类,鱼体犹如披着蓑衣,故称"蓑衣病"。

除可见虫体外,鱼体寄生部位常充血、发炎,虫体脱落后会留下大量红斑,似得了败血症一般。寄生于口腔时,会严重影响鱼体摄食。锚头鳋寄生对大鱼主要是影响生长和商品价值,寄生对小鱼的影响很大,可导致畸形、弯曲。

3. 发病规律

锚头鳋的繁殖水温为 $12\sim33\,℃$,主要流行于夏季水温较高时。该病全国各地都有发生,广东、广西和福建等地发病严重,是当地淡水鱼类主要疾病之一。锚头鳋对宿主具有选择性。鱼体寄生锚头鳋痊愈后,对再次寄生有一定的抵抗力,在临床上可能出现发病轻重间歇交替的情况。

4. 诊断方法

该病的诊断依据肉眼可见病鱼体表的细长针状虫体或蓑衣状外观进行。在虫体脱落后,注意体表的红斑与细菌性败血症时的出血相区别。

5. 防治方法

① 锚头蚤病的预防应主要关注放养的消毒工作,可使用生石灰彻底清塘。

② 利用不同种类锚头蚤对宿主的选择性,在发病严重的池塘和地区,改养其他品种的鱼类。

③ 一旦发病,可以使全池施用晶体敌百虫使其在池水中的浓度为 $0.5\sim0.7\ \mathrm{g/m^3}$,杀灭水中幼虫。根据锚头蚤的繁殖特点,须连用 $2\sim3$ 次,根据水温不同,一般间隔 $5\sim10\ \mathrm{d}$。需要注意的是,如果鱼体上寄生的锚头蚤已进入老虫阶段,就不必再泼洒药物治疗。

三十三、鲺病

1. 病原

鲺,在分类上隶属于鳃尾亚纲,鲺科,我国常见种类有日本鲺、喻氏鲺、大鲺、椭圆尾鲺等。虫体雌雄同形,近圆形或椭圆形,背腹扁平。分头、胸、腹 3 个部分,头胸部愈合,背部覆盖马蹄形背甲,有复眼 1 对,附肢 5 对,游泳足 4 对。腹部为 1 对不分节的扁平长椭圆形尾状结构,和鳃一样具呼吸功能,故称鳃尾类(图 5-83)。

2. 症状

鲺寄生于鱼体的体表、口腔、鳃等与外界环境直接接触的部位,可在鱼体四处爬动或利用第二小颚特化成的吸盘附着在鱼体上(图 5-84),口前刺可以刺破鱼体皮肤,大颚可以直接撕破体表,加上背甲腹面有很多倒生的小刺,造成鱼体表损伤,出血(图 5-85),使病鱼呈现极度不安,常跳出水面或在水中狂游。鱼体消瘦,贫血,体表黏液增多,常继发细菌或水霉感染,甚至引起败血症。鲺寄生常造成幼鱼大量死亡,大鱼严重寄生时也可发病致死。

3. 发病规律

与桡足类寄生虫不同,鳃尾类寄生虫的成虫、幼虫都营寄生生活。海、淡水鱼均可受害,但以淡水鱼更为常见,常导致鱼种的大量死亡。鲺病的流行主要和水温有关,南方常年可见,北方则多见于 5—10 月份。北方温室大棚里冬季也可发病。常导致鱼种的大量死亡,南方比北方更严重。

该病的发生与饲养管理水平有关,一般在养殖池常年未清淤消毒,鱼体瘦弱时多发。

4. 诊断方法

肉眼观察鱼体不安跳跃,仔细检查体表可看到米粒至黄豆大小的圆形或椭圆形、身体背腹扁平的虫体附着即可诊断。

5. 防治方法

① 做好日常饲养管理工作,尤其是养殖开始前应彻底清塘清池和消毒。

② 鱼种下塘或入池前严格检查,一旦发现有鲺寄生,用 $0.5\sim0.7$ g/m³ 的晶体敌百虫浸泡 $15\sim30$ min。

③ 养殖过程中定期检查鱼体,发病后按 $0.5\sim0.7$ g/m³ 的浓度全池施用晶体敌百虫。

三十四、鱼怪病

1. 病原

日本鱼怪,在分类上隶属于软甲亚纲,等足目,缩头水虱科。日本鱼怪雌雄异体,常成对寄生于鱼胸鳍基部附近的寄生孔中。雌鱼怪个体较大,虫体常扭向一侧,最大约 3 cm$\times1.8$ cm,雄鱼怪虫体一般左右对称,长宽最大约 2 cm$\times1$ cm。虫体卵圆形,奶酪色,体表有黑色小点。分头、胸、腹 3 个部分,头小,上有 1 对复眼,胸部具 7 对形状相似的胸足,故称等足类。

2. 症状

鱼怪幼虫和成虫期对鱼造成的危害不同。鱼怪幼虫常寄生在幼鱼的体表和鳃上进行变态发育。由于撕咬致鱼极度不安,跳跃,皮肤受损出血,分泌大量黏液,鳃丝缺损,鳃小片融合成片状。由于损伤严重,被寄生的幼鱼常在 $1\sim2$ d 死亡。

成虫一般寄生于较大的鱼体上,在鱼胸鳍基部钻出 $1\sim2$ 个黄豆大小的孔洞。雌虫和雄虫常成对寄生于寄生孔中。被寄生的成鱼能存活较长时间,但生长受阻,性腺不能发育成熟(图 5 - 86)。

3. 发病规律

鱼怪是我国常见的鱼类寄生虫种类,流行于我国大部分水域,黑龙江、辽宁、山东、云南、四川等地较为严重,在大水面中较为多见,主要危害雅罗鱼、鲤鱼、鲫鱼、齐口裂腹鱼、针鱼等。

4. 诊断方法

成虫寄生时,可根据该病特有的寄生孔症状进行诊断。幼虫寄生时检查发病死亡的鱼苗,在鳃和体表上发现幼虫即可诊断。

5. 防治方法

由于鱼怪成虫寄生于鱼体的寄生孔内,难以杀灭,因此该病主要通过杀灭第二期幼虫、捕捞带虫寄主的方式来控制。

① 鱼怪幼虫有强烈的趋光性,幼虫离开母体释放时,大多分布在距离岸边 30 cm 以内的水面上,此时可以施用 0.5 g/m³ 的晶体敌百虫,每隔 3～4 d 用药 1 次,可以有效杀灭幼虫。

② 网箱养殖条件下,可以按网箱的水体积计算,用 1.5 g/m³ 的晶体敌百虫挂袋虫药袋,每天 1 次,可杀灭网箱中的鱼怪幼虫。

③ 利用鱼类的繁殖习性,在繁殖季节加大对留在下游的未成熟鱼类(如雅罗鱼,留下的 90％有寄生虫感染)捕捞,可以有效降低带虫密度。

三十五、气泡病

1. 病因

引起气泡病的原因有两大类。第一类是水环境气体过饱和,气体通过鳃进入体内,使血液气体过饱和形成气体栓塞。第二类是环境变化,如从高压或低温环境转移到低压或高温环境,鱼体组织液中的气体溶解度下降,从未过饱和转变为过饱和,从血液中逸出形成气泡。

2. 症状

鱼体血管和组织中出现气泡为该病的主要特征(图 5-87),通常还伴随不同程度的生理机能障碍,以及血管和组织损伤。通常气泡病对鱼苗的危害较大,对大鱼危害相对较小,但也有大鱼发病,造成严重损失的情况。一般来说,鱼患气泡病后,主要表现为在水面无方向游动,即在水面"打转",有时会集群绕着池边转圈。病鱼间歇性的尽力向下游动,但不能控制平衡。随着病情发展,气泡不断增大,数量变多,鱼体游动变缓,逐渐失去自由游动能力,浮在水面不久死亡。

检查鱼体,病鱼可能表现出腹部膨大、突眼(单侧多见)(图 5-88)和竖鳞等症状,在体表皮下、肌肉、肠道等组织中可见到气泡,尤以鳍条(图 5-89)、鳃和肠道中的气体栓塞较为常见。严重时病鱼侧线上也可见气泡,鳔极度膨大,鱼体肌肉和脏器局部充血、出血。

3. 发病规律

不同规格大小的鱼都可以发生气泡病,但总的来说对苗种危害较大,越小的个体越敏感,严重时可引起苗种大量死亡。如环道中孵化的鱼苗很容易发生气泡病,并常造成严重死亡。较大的个体也可患气泡病,但同等情况下危害相对较小。

气泡病一般在水浅,光照充足且水中浮游植物含量丰富的水体极易发生。此外,气候变化导致水体或鱼体组织液中气体溶解度下降,呈过饱和状态并析出气泡也易发生此病。

4. 诊断方法

根据病鱼在水中"打转"、集群游塘等表现,结合肉眼观察或显微镜检查见鳃、鳍及血管等部位有气泡,即可确诊。

5. 防治方法

由于气泡病主要是由于水中气体过饱和以及环境突变导致鱼体血液中气体过饱和引起的,因此应找到病因进行处置。主要从以下几个方面考虑:

① 应注意避免使用未经曝气的过饱和水体作为水源,不使用未发酵肥料。

② 注意水质,避免水中浮游植物繁殖过多,或水草过于茂盛。

③ 在北方冰封期,一些水草丛生且较浅的水体中,应在冰上打一些洞以释放水体中蓄积的氧气和二氧化碳等气体。

④ 避免鱼体所处环境水温变化过大,如将鱼从温度较低、连续充氧的水体突然转入水温较高的水体。

⑤ 一旦发病后,应立即排出部分池水,同时加注低饱和度的清水。有条件时,可将患病个体转移到清水中,使其逐步恢复。

三十六、浮头

1. 病因

水中溶解氧含量过低。

2. 症状

由于水中溶解氧含量过低,鱼上浮到水面呼吸,甚至张口吞取空气,即浮头。此时,若有人靠近或其他刺激因素,鱼会很快下沉水中。缺氧继续加重时,鱼会在水中狂游乱窜或横卧水中。

当水中溶解氧含量继续下降,低于最低耐受限度时,鱼类会因缺氧窒息而造成大量死亡,也称泛池、翻塘或窒息。浮头是鱼类缺氧的初始表现,泛池是严重缺氧的结果。因缺氧死亡的鱼,口极度张开,下颌伸出,呈"地包天"状(图5-90)。

3. 发病规律

由于不同鱼类对氧气的需求量不同,因此同一水体中不同动物缺氧的先后顺序不同,通常上层鱼如鲢、草鱼等早于底层鱼如鲤、鲫和泥鳅等发生浮头和窒息。

浮头和窒息的发生还与鱼的健康状况有关。当鱼体健康时,对低氧的耐受性要高一些。当鱼体患病尤其是有鳃部疾病时,对低氧更加敏感,耐受性更差。

4. 诊断方法

在临床上,浮头和缺氧的诊断需要注意以下几点:

① 发现鱼上浮到水面,张口吞取空气即可做出初步诊断。同时根据出现浮头症状鱼的类别,以及受到刺激后是否下沉躲避来判断浮头发生的程度。

② 当鱼出现死亡,且死鱼呈现典型的"地包天"症状时,可比较确定的诊断为窒息死亡。

③ 发现鱼浮头,在采取应急措施后应及时测定水中溶解氧情况,以确定诊断。

5. 防治方法

缺氧是鱼浮头和窒息的直接原因,在生产中首先应注意避免水体缺氧。

① 彻底清塘、清淤,控制放养密度,合理施肥、投饵,避免水中有机物含量过高,水质过肥。

② 加强巡塘工作,尤其在夏季闷热天气时,必须减少投喂,适当换水,及时合理的开动增氧机或往水中提前投放缓释型长效增氧剂。

③ 在北方冬季冰封期,应在冰上打孔,施肥增氧或开增氧机。

④ 发现有浮头现象,应及时灌注清水,投放速效增氧剂,开动增氧机。需要注意的是,在缺氧已经比较严重时不宜使用搅水式增氧机,否则易加重缺氧死亡。

三十七、维生素缺乏

1. 病因

维生素是一些在鱼类代谢、生长、发育等生命活动中发挥重要作用的物质。维生素缺乏会导致鱼类生命活动紊乱,引发临床疾病。

2. 症状

维生素可在多种生命活动中发挥作用,鱼类的维生素缺乏症的临床表现也是多种多样。由于维生素功能的多样性,缺乏一种维生素可能表现出多种症状,如鱼维生素 A 缺乏可表现为贫血、皮肤和鳍出血以及眼球突出和鳃盖畸形(图 5 - 91)等多种症状。不同的维生素或微量元素缺乏也可能表现出同一症状。在诸多症状中,生长不良和贫血是最常见的两种症状,如维生素 B、烟酸、叶酸、胆碱和肌醇等缺乏都可以导致鱼生长不良,维生素 A、维生素 B_3、维生素 B_9、维生素 B_{12}、维生素 C、维生素 E 和肌醇多种因子缺乏都可引起贫血。

值得注意的是,由于不同动物对维生素的需求不同,在相同条件下,有的鱼会表现出缺乏症,其他的鱼却并不缺乏。此外,人们对许多鱼类的需求情况没有搞清楚,其缺乏症也不十分明确。笔者曾接诊过 1 例大棚水泥池养殖蝴蝶鲤全身发红(图 5 - 92),皮肤黏液显著减少的病例。起初仅个别鱼发病,一周后逐渐增加至 2% 左右。此前尚无此症状的公开报道,笔者经过仔细分析其养殖条件和病情后,推测为维生素缺乏(具体种类暂未确认),指导养殖户在水中泼洒电解多维,2 天后病鱼即完全恢复正常体色,证实其为维生素缺乏。

3. 发病规律

鱼类对维生素和微量元素缺乏的反应比较迟缓,需要较长时间才能表现出典型症状。一般在长期投喂配合饲料,且无法接触到天然饵料的鱼类中较易见到。通常游动迅速的鱼类更易发生维生素缺乏,同种鱼的幼鱼较大鱼对维生素缺乏更敏感,更易发病。

4. 诊断方法

维生素或微量元素缺乏的确定诊断需要借助特殊的设备,在专业实验室中进行。在临床诊断时,需要注意有时候病鱼的症状并不一定十分的典型和明显,因此必须仔细了解饲养管理情况,排除病原性损伤因素,再结合饲料的配方及鱼类的营养需求进行初步诊断。

5. 防治方法

① 投喂营养全面的优质饲料,必要时定期添加复合多维或更换饲料来源,以避免维生素或微量元素缺乏。

② 科学操作,规范管理,减少加工、贮存及运输中造成饲料中营养物质的损耗。

③ 当出现发病后,及时针对性的补充所缺的维生素和微量元素。当不能确定缺乏的具体种类时,可以使用复合维生素和多种微量元素替代。

第一节　虾类常见疾病

一、白斑综合征

1. 病原

白斑综合征病毒，属线头病毒科，白斑病毒属，为双链环状 DNA 病毒，病毒粒子椭圆短杆状，具囊膜，不形成包涵体，大小为 350 nm×150 nm。

2. 症状

病虾食欲减退，在池边慢游或伏卧于水底，弹跳无力。头胸甲很容易与肌肉剥离，甲壳内侧出现白点或圆盘状白斑(图 6-1)，在头胸甲上的白点和白斑最为明显。显微镜下观察，白点呈花朵状，中部不透明，边缘透明，有清楚的花纹状纹路。病虾胃舒张，但胃内无食物。病虾血淋巴浑浊，发红，不凝固，淋巴器官和肝胰脏肿大。显微镜下观察被感染细胞核显著肿大，染色加深。

3. 发病规律

白斑综合征是一种全球流行的对虾病毒病，自 1992 开始在我国和东南亚对虾养殖地区暴发，是我国规定的一类水生动物疫病。

病毒宿主范围广，中国对虾、日本对虾、斑节对虾、长毛对虾和墨吉对虾等都有阳性病例报道，中国对虾对此病毒十分敏感，一般感染后 3～10 d 可全池虾死亡。疾病的流行与对虾规格大小无关，从卵、仔虾、幼虾、半成虾、成虾到亲虾各阶段都可被病毒感染发病。该病的传播方式主要是水平传播，通过残食感染的病虾、死虾而传播扩散，也可经卵垂直传播。

4. 诊断方法

白斑是该病的重要临床症状，确诊需要在专业实验室进行，临床诊断应注意：

① 部分感染的病虾在头胸甲上出现白斑是该病的重要特征，但细菌感染、环境应激等也可出现白斑，应注意辨别。

② 病虾常见空胃舒张的症状，结合血淋巴不易凝固可做进一步诊断。

③ 取病虾上皮组织压片或制作病理切片，显微镜下观察见上皮细胞坏死，核显著肿大、浓染，可基本确诊。

5. 防治方法

白斑综合征尚无法进行有效治疗,应采取全面措施进行综合预防。

① 彻底清塘、清淤,消毒除害,使用无污染和不带病原的水源,避免从外界环境中引入病原。

② 对亲虾及虾苗进行严格的检验检疫工作,放养不携带病毒的 SPF 虾苗。

③ 根据饲养管理水平,控制合理的放苗密度,要科学投喂,饲料要质优量适。

④ 保持虾池水深适宜,水质稳定,保证水体溶解氧不低于 5 mg/L,注意减少应激。

⑤ 根据养殖条件选用合适的鱼类如草鱼、石斑鱼等进行生物防控,如欲养殖 20 万尾/亩的虾苗,可每亩投放虾苗 30 万尾和 1 kg 左右的草鱼 60 尾。

二、桃拉综合征

1. 病原

桃拉综合征病毒(TSV),分类上隶属于小 RNA 病毒科,为单股正链 RNA 病毒。病毒粒子呈二十面体,无囊膜,直径为 31～32 nm,可形成包涵体。主要感染南美白对虾的上皮细胞,引起对虾的大量死亡。

2. 症状

该病在临床上可分为急性感染期、过渡期和恢复期三个阶段(图 6-2)。

急性感染期主要发生于对虾蜕皮期,病虾食欲减退或废绝,游动缓慢无力,并伴有大量死亡,身体发红呈茶红色或灰红色,游泳足、须和尾扇发红尤为明显,故称"红尾病"。患病虾头胸甲易剥离。急性期病程很短,出现症状后 4～6 d,病虾停食并出现大量死亡。

到第 10 天左右,疾病进入过渡期,病虾死亡减缓,出现恢复现象,体表开始变黑,出现随机的、不规则的黑色沉着的斑点或坏死病灶,附肢缺损。如果病虾蜕壳成功,则进入慢性恢复期,病虾外观无明显异常,成为无症状的 TSV 携带者。

3. 发病规律

近年来,我国境内 TSV 感染病例报道不多,但仍需加强 TSV 在养殖中的风险防控。桃拉综合征主要感染南美白对虾,大小都可发病,体长 6～9 cm 的小稚虾更为敏感,受害严重。该病在水温为 28 ℃以上时易发,养殖水体环境变差或环境突变极易诱发,一般在低透明度和高氨氮及亚硝酸盐水体和底质老化的池塘条件下多发。

该病以水平传播为主,健康虾因吞食被病毒污染的粪便、饵料和病虾、死虾而感染。

4. 诊断方法

有 3 个明显的疾病阶段是该病的一个特征,确诊需要在专业实验室进行,临床诊断需要注意以下几点。

① 观察到病虾由急性死亡、红体,过渡到慢性死亡、黑斑,蜕壳后无明显症状的特征性病程,即可做出初步诊断。

② 取病虾皮下黑斑压片或制作组织病理切片,显微镜下观察,见上皮组织坏死解体,可进一步诊断。

5. 防治方法

① 该病的防治方法同对虾白斑综合征,尤其要注意保持水质良好和稳定,避免应激。

② 养殖过程中,适当添加维生素 C、免疫多糖等提高虾体的免疫力有助于该病的预防。

三、传染性肌坏死病

1. 病原

传染性肌坏死病毒(IMNV),在分类上隶属于单分病毒科,全病毒属,为双链 RNA 病毒,病毒粒子直径为 40 nm,呈二十面体,无囊膜。

IMNV 主要感染虾横纹肌(包括骨骼肌、心肌)、结缔组织和血淋巴细胞等,在横纹肌内形成圆形、椭圆形或无定形的嗜碱性包涵体,造成肌纤维断裂、坏死。

2. 症状

肌肉坏死发白是该病的典型症状。发病初期,病虾尾扇前端第六腹节肌肉组织出现白色的点状或条状坏死区,逐渐向身体前端扩散直至全身发白。剥去甲壳可见白色不透明的肌肉组织,部分病虾尾扇发红,淋巴器官显著增大至原来的 3～4 倍。病虾往往表现为肠道充盈,反应迟钝,在池边聚集,因投料、水温或盐度骤变应激后死亡率会明显增加(图 6-3、图 6-4)。

3. 发病规律

南美白对虾、太平洋对虾、太平洋蓝对虾、斑节对虾等都是虾传染性肌坏死病的易感物种。60～80 d 的南美白对虾幼虾对该病最易感。最适发病温度为 30 ℃左右,疾病发生通常呈慢性,短期死亡率不高,但患病对虾会持续死亡,累计死亡率可达 70%～85%,是工厂化养殖南美白对虾中的易发病和常见病。

该病可通过对虾摄食病虾残体或污染的粪便、水体等途径进行水平传播,也可通过亲虾传给子虾的方式垂直传播。

4. 诊断方法

传染性肌坏死病是一种以横纹肌坏死发白为主要特征的全身性疾病,确诊需要在专业实验室进行,临床诊断需要注意以下几点:

① 病虾肌肉出现白色或条块状坏死,坏死部位由尾扇朝身体前段逐渐扩散即可做出初步诊断。

② 取病虾肌肉组织,制作组织病理切片,显微镜下观察无定形的包涵体,可进一步诊断。

5. 防治方法

该病的防治方法同对虾白斑综合征。发病后,应保证水质良好而稳定,溶解氧充足,可减缓发病速度。

四、黄头病

1. 病原

黄头病毒(YHV),属套式病毒目,杆套病毒科,头甲病毒属,为单链 RNA 病毒。该病毒共有 8 个基因型,其中黄头病毒 1 型和 8 型为常见致病型。病毒粒子大小为(40~60)nm×(150~200)nm,是有囊膜的杆状病毒。黄头病毒主要感染肝胰脏、淋巴器官、造血组织、结缔组织和鳃丝神经管等。

2. 症状

黄头病毒感染后,典型症状为肝胰腺肿大发黄变软,尾扇变成橘黄色,与健康对虾褐色肝胰腺和黄色尾扇相比格外明显(图 6-5、图 6-6)。有报道称,YHV-1 型病毒毒力最强,出现症状 3~5 d,患病虾肝胰腺、鳃发黄,全身发白,摄食量突然增加,然后突然停止摄食,濒死虾聚集在池塘水面角落,发病率高达 100%,死亡率高达 80%~90%。但笔者发现患有 YHV 病的对虾,若同时感染 WSSV 病毒或者 HPV 病毒,则死亡率在 50%~60%,对虾产量受到一定影响但并不会全部死亡,也不会全池感染,部分对虾患病后也可长为成虾。

3. 发病规律

虾类黄头病的易感物种包括斑节对虾、南美白对虾、中国对虾、日本对虾、墨吉对虾、南美兰对虾、刀额新对虾、糠虾、磷虾等。其中黄头病毒普遍存在于斑节对虾中,15

日龄以上斑节对虾仔虾易感,其他品种幼虾在 50~70 日龄易感。

黄头病毒的传播方式有水平传播和垂直传播两种。水平传播是经水传播或通过鸟粪(海鸥等)传播,垂直传播是受精卵表面受到污染或感染亲代病毒。

4. 诊断方法

病虾肝胰腺和鳃变黄,尾扇呈橘黄色是黄头病的典型特征,临床上可据此症状做出初步诊断,确诊需要在专业实验室进行。

5. 防治方法

① 对虾黄头病的预防措施同对虾白斑综合征,尤其要注意苗种生产的规范和严格检疫。

② 苗种繁育场内 YHV 病毒检疫阳性的亲虾和苗种应全部扑杀。病毒阳性的种用和商品用养殖虾必须进行无害化处理,禁止用于繁殖育苗、放流或作为水产饵料使用。

五、肝胰腺细小病毒病

1. 病原

肝胰腺细小病毒(HPV),属细小病毒科,浓核症病毒亚科,单链线性 DNA 病毒,病毒粒子直径为 22~24 nm,呈二十面体对称,无囊膜。

病毒主要感染幼虾或成虾增殖能力强的肝胰脏和鳃等组织的上皮细胞,组织病理和电镜观察可见肝胰脏、鳃丝和肠道上皮细胞内出现椭圆形嗜酸性包涵体。

2. 症状

肝胰腺细小病毒感染后,病虾肝胰腺发红肿大,肠道发红变宽,游泳足发红,养殖户称其为"粉虾"(图 6-7)。感染严重时肝胰腺萎缩坏死,可见包涵体(图 6-8)与健康对虾褐色肝胰腺相比格外明显。患病后对虾离群独游,摄食量减少或不摄食,同时甲壳变软易剥离,并伴有肠炎、烂鳃和空肠、空胃的现象。病虾生长缓慢,虾体瘦弱,最终可能致死,死亡率达到 50%。存活个体也无法长到正常规格,从而导致对虾严重减产。

3. 发病规律

虾类肝胰腺细小病毒病的易感物种包括中国对虾、墨吉对虾、短沟对虾、斑节对虾等,特别易感对虾幼体,感染后的幼虾在 4~8 周内死亡率可达 50%~100%。感染HPV 病毒的幼虾生长到半成虾(6~7 cm)时便停止生长,造成较大经济损失。

HPV 病毒传播途径以水平传播为主。水平传播方式主要有对虾摄食了带病毒的饲料或者病虾残体;池塘水体受到病毒污染;或者亲虾从肠道排出病毒感染虾苗。

4. 诊断方法

肝胰腺和肠道发红是肝胰腺细小病毒病的典型特征,确诊需要在专业实验室进行,临床诊断要点如下:

① 病虾肝胰腺、鳃、肠道和游泳足发红,严重时萎缩坏死即可做出初步诊断。

② 取病虾肝胰腺,制作病理切片后,显微镜下观察见到上皮细胞中的包涵体可进一步诊断。

5. 防治方法

该病的防治可参考对虾白斑综合征的防治方法进行。

六、小长臂虾肌肉白浊病

1. 病原

贝氏柯克斯体,分类上属于军团菌目,专性细胞内寄生,革兰氏阴性杆菌。因同一属中病原引起的 Q 热仍归于立克次体病范畴,也将贝氏柯克斯体视为类立克次体。立克次体的宿主多种多样,包括宠物(如猫)、家畜和蜱虫,此外感染人类的主要宿主是绵羊和牛等牲畜。贝氏柯克斯体感染水生动物的报道较少,而感染中华小长臂虾时则表现为肌肉白浊。

2. 症状

自然感染的病虾虚弱、嗜睡,在水面或池边缓游。病虾水肿,局部或通体发白,头胸部及躯干部甲壳易脱落,壳下肌肉发白,浑浊不透明(图 6 - 9)。该病为慢性进行性病程,病虾在没有受到刺激的情况下可以存活较长时间,但症状会愈来愈明显、加重,并逐步扩散传播。

当感染较轻时,病虾肌纤维肿胀、水肿,间隙增大、积液,部分肌纤维被蓝色颗粒样物质(贝氏柯克斯体)取代。感染严重时,肌纤维严重水肿和坏死,肝胰腺受损,腺体结构不清晰,甚至完全被贝氏柯克斯体取代。

3. 发病规律

该病主要危害小长臂虾,目前尚未见其他虾感染发病的报道。幼虾和成虾都可感染发病,一旦感染就呈进行性发展,直至死亡。中华小长臂虾感染贝氏柯克斯体的临床发病率可达 50%。

陆生动物贝氏柯克斯体病主要通过蜱、螨、虱子以及气溶胶、人类活动和动物产品等进行传播。但小长臂虾生活环境中缺少上述传播媒介,在中华小长臂虾感染贝氏柯克斯体的养殖池塘中发现了一种等足类寄生虫——虾疣虫。虾疣虫是否起中间宿主作用，又或是通过其他途径传播并感染小长臂虾还待进一步研究。

4. 诊断分析

根据小长臂虾肌肉水肿白浊初诊可据肌肉白浊症状，确诊需要进行病原核酸检测和显微镜电镜观察。

5. 防治方法

该病的防治方法研究较少，可参考对虾白斑综合征的防治方法进行。由于该病呈慢性进行性发展，一旦发现病虾，及时捞除处理，防止其传播扩散，对该病有一定的控制作用。

七、急性肝胰腺坏死病

1. 病原

一些携带特定毒力基因 pirAVp 和 pirBVp 的弧菌（V_{AHPND}），常见病原弧菌有副溶血弧菌、哈维氏弧菌、鳗弧菌和欧文斯氏弧菌、坎氏弧菌等。

V_{AHPND} 主要感染幼虾的肝胰脏、胃、肠、鳃等器官。病原菌可能是由与外界水体直接接触的鳃进入虾体内，感染虾肝胰脏、胃、肠等消化器官，或在肠道定殖后，将毒素释放到肝胰腺。病原菌可造成肝胰脏上皮细胞细胞核膨大，肝胰腺盲管上皮细胞坏死脱落。

2. 症状

感染急性肝胰腺坏死病后，病虾摄食减少或不摄食，反应迟钝，常有红须、红尾和断须等表现。肝胰腺颜色变浅或发白，肝胰腺萎缩，出现黑点或黑带（由于肝胰腺小管的黑化），虾壳变软，空肠空胃，腹节肌肉浑浊。严重感染时，病虾肠道发红，肠壁变薄，几天后陆续死亡（图 6-10、图 6-11）。

3. 发病规律

虾类急性肝胰腺坏死病的易感物种包括南美白对虾、斑节对虾、中国对虾、日本囊对虾等。虾苗放养 7～35 d 发生，10～30 d 为高发期，常引起急性死亡，死亡率高达 100%，因此该病最早也被称为"早期死亡综合征"。4—7 月是该病的高发期。

V_{AHPND} 传播途径分为水平传播和垂直传播两种。水平传播方式主要是经口感染。垂直传播主要由亲虾传给子虾。

4. 诊断方法

虾急性肝胰腺坏死病是一种以肝胰腺和消化道病变为主的全身性疾病,确诊需要在专业实验室进行,临床诊断要点如下:

① 肝胰腺颜色变浅、发白,或萎缩、出现黑点,空肠空胃是该病的典型特征,可做出初步诊断。

② 从病虾肝胰腺进行划线分离,可在 TCBS 平板形成大量绿色或黄色菌落,可进一步诊断。

5. 防治方法

虾急性肝胰腺坏死病应该以预防为主。

① 在放养前做好池塘准备和水质处理,选择体质健壮活力好的虾苗,注意检查虾苗肝胰腺的脂肪油滴和弧菌数量。

② 做好水体消毒,可以使用高浓度的次氯酸钙或其他消毒剂对水体进行彻底的杀菌消毒,通过砂滤的方法阻断水源中病原携带生物的进入。

③ 养殖过程中 pH 值保持在 8.0 左右,每 10 d 用聚维酮碘溶液对池水泼洒消毒 1 次。

④ 投喂优质饵料,防止过量投喂,以免虾的肝脏负担过重,造成肝脏损伤,残饵粪便过多致使水质恶化,弧菌大量增殖。

⑤ 发病后,减少投喂,可在饲料中添加有益菌有助于降低疾病的发生率。确诊的病虾、死虾禁止流通和交易,需进行无害化处理。

八、对虾黑鳃病

1. 病原

镰刀菌属的一些真菌,分类上隶属于真菌门,子囊菌亚门,常见的有茄镰刀菌、腐皮镰刀菌、尖孢镰刀菌、串珠镰刀菌和木贼镰刀菌等,为有性型真菌,因其分生孢子呈镰刀形而得名。镰刀菌在孟加拉红琼脂平板上 28 ℃培养 2~3 d,可见正面观察为白色羊绒状的圆形菌落,中央浓密,外围稀疏。背面观察为中央淡黄色,边缘白色。

镰刀菌(图 6-12)主要侵袭鳃部,导致对虾黑鳃。此外,酵母、曲霉等真菌和一些弧菌的感染以及固着类纤毛虫附着、水质恶化等也能直接导致黑鳃病的发生,或在镰刀菌感染后,继发感染、加重危害。

2. 症状

镰刀菌感染后,病虾呼吸困难,常浮出水面,行动缓慢,伏在岸边不动,最终导致死亡。病虾鳃部由微红色变成褐色,最后变为黑色。鳃丝发黑、萎缩、腐烂,分泌大量黏液,头胸甲被菌丝附着后,严重影响对虾蜕壳。显微镜观察鳃丝内外全部被菌丝附着形成大量黑斑。部分患病虾类头胸甲、游泳足基部、体节甲壳、尾扇基部出现大量黑斑,严重者黑斑布满全身,且黑色斑点用刀片不易刮取。个别对虾感染后腹部出现溃烂病灶(图6-13、图6-14)。

3. 发病规律

镰刀菌的易感物种包括中国对虾、南美白对虾、斑节对虾、克氏原螯虾、日本沼虾、罗氏沼虾和三疣梭子蟹等。镰刀菌病在全国各地都有分布,海水和淡水都有发生,发病率高,发病水温为 23～30 ℃,发病季节在 7 月上旬到 10 月上旬之间,越冬虾类也有发现。

镰刀菌引起的黑鳃病是一种慢性病。水质和底质恶化是该病发生的重要影响因素。长期投喂单一饲料,缺乏维生素,导致虾体质较差也是引起该病的重要原因。拉网或地笼抓捕造成的体表创伤也极易诱发该病。

4. 诊断方法

黑鳃病是一种以鳃部发黑或出现黑斑为典型特征的全身性疾病,确诊鉴定具体种类需要在专业实验室进行,主要临床诊断要点如下:

① 根据对虾鳃部发黑或甲壳上出现黑色斑点做出初步诊断,但应注意与细菌感染或环境因素导致的黑鳃病相区别。

② 确诊需要从病灶处取鳃丝组织制作水浸片,在显微镜下观察到镰刀形的分生孢子即可确诊。

③ 发病虾池通常水质氨氮超标、底质发黑发臭。

5. 防治方法

对虾黑鳃病应该以预防为主,一旦发病,早诊断并及时治疗是减少损失的关键。

① 虾苗放养前要对池塘、水体进行消毒。池塘消毒每 667 m² 可用生石灰 5～6 kg,水体消毒可用漂白粉 0.1～0.3 mg/L。

② 亲虾入池前消毒,注意避免虾体受伤。池水经砂滤后方可引入。

③ 该病尚无有效治疗方法,在感染初期,按 200 万单位/m³ 水体使用制霉菌素全池泼洒,可抑制真菌生长,降低死亡率。

九、虾肝肠胞虫病

1. 病原

虾肝肠胞虫(EHP),分类上隶属于微孢子虫门,肠孢虫科,肠孢虫属,孢子椭圆形、梨形、棍棒形、球形,大小约 0.9 μm×1.8 μm。成熟孢子具有孢壁、吸盘、极管、极体、细胞核、后极泡等结构。当环境条件恶化时,能形成由几丁质和蛋白组成的厚壁休眠孢子,一般药物无法杀死。虾肝肠胞虫易感染幼虾或成虾的肝胰腺、鳃、肠、心脏、肌肉、血淋巴等。

2. 症状

虾肝肠胞虫感染后,病虾生长缓慢或停滞,但不会直接导致对虾死亡,由于感染程度不同,对虾个体大小差异显著,体长差异 2 倍以上,体重差异可达到 3 倍左右。剖检可见,肝胰腺萎缩、发软,颜色变深,肌肉失去弹性,呈浑浊不透明的棉絮状,鳃丝肿大发黄(图 6 - 15)。

3. 流行特点

虾肝肠胞虫的易感物种包括南美白对虾、斑节对虾。不同规格大小的虾都可被感染发病。该病的感染与水温有关,水温为 24～31 ℃时感染率最高。

EHP 传播途径分为水平传播和垂直传播两种。水平传播方式主要通过携带该病原的对虾粪便污染养殖水体、对虾饲料(饵料),使该病原在对虾群体中快速传播,也可以由亲虾垂直传播给子虾。

4. 诊断方法

虾肝肠胞虫病确诊需要在专业实验室进行,在临床上见到病虾个体大小不一,肝胰腺萎缩,肌肉呈不透明白浊状时,可做出初步诊断。

5. 防治方法

虾肝肠胞虫病应该以预防为主。

① 要彻底清塘、清淤,对养殖池、工具、设施等进行严格消毒处理。

② 选用健康苗种,放养前进行肝肠胞虫检测,避免带病养虾。

③ 养殖池塘可通过投喂排放管理,及时排污清除虾粪便、设置"虾厕"等方式分离虾类粪便,降低粪便污染对虾饲料和水体的风险。

④ 发病后,加强虾粪便清除管理,可以每日多次排污补水。病死虾禁止用于生产、流通和交易,要进行无害化处理。

十、虾固着类纤毛虫病

1. 病原

固着类纤毛虫病主要由隶属于纤毛门,寡膜纲,缘毛目的单缩虫、聚缩虫、累枝虫和钟虫、斜管虫等寄生在虾卵、体表、附肢等部位引起,可降低虾卵的孵化率和成活率,也可造成虾蜕壳困难死亡。固着类纤毛虫虫体构造大致相同,呈倒钟形,前端有口盘、口盘的边缘有纤毛,后端有柄,柄的基部附着在基物上。

2. 症状

发病初期,病虾体表长有黄绿色绒毛状物,行动迟缓,对外来刺激反应慢,体表黏液有滑腻感。发病中晚期,病虾周身被有厚厚的附着物,鳃部挂有污泥且黏液增多,呼吸困难,鳃丝受损,体质下降,继发感染细菌或病毒病,导致病虾食欲减退,甚至不摄食,生长发育停滞,难蜕壳。严重时解剖可见空肠,肝脏呈浅黄色或深褐色或花纹状,肌肉无弹性,鳃呈黑色,极度衰竭,最终无力脱壳,进而导致大批量死亡。病虾在早晨浮于水面,离群漫游,反应迟钝,食欲不振或停止摄食,不能蜕皮,停止生长。虫体附生数量少时,不显症状,但在虫体附生数量多时,虫体布满对虾的鳃、体表、附肢、眼睛等全身体表各处(图 6 - 16 至图 6 - 18)。

一般附生数量少时,危害不大,在幼体蜕皮时可随之蜕掉。但是附生数量多时,妨碍对虾幼体的活动、摄食和生长发育。导致幼体生长缓慢。固着类纤毛虫繁殖数量增加可引起幼体死亡。

固着类纤毛虫往往与丝状细菌同时存在,加重了疾病的发生。固着类纤毛虫会影响虾的呼吸,患病对虾对池水溶解氧特别敏感。在溶解氧稍低,正常虾尚无明显反应时病虾就可因缺氧死亡。

3. 发病规律

固着类纤毛虫的分布是世界性的,在我国沿海各地区的对虾养殖场和育苗场都经常发生,不同大小规格都可发病,对幼体危害严重。在受伤、应激等条件下,虾特别易感。

固着类纤毛虫类可随产卵亲虾或进水进入产卵池和育苗池,也可能在投喂卤虫卵时被带入育苗池。在盐度较低的池水中容易大量繁殖,在池底污泥多、投饵量过大、水体交换不良或水中有机质含量多时极易暴发。

4. 诊断分析

根据临床症状基本可以初诊。确诊必须剪取一点鳃丝或从身体刮取一些附着物做成水浸片镜检,患病幼体可用整体做水浸片进行镜检。

5. 防治方法

① 用生石灰清塘消毒,保持良好的水体环境。

② 夏秋季勤换水,保持水质清新。冬春季灌满水,水体透明度保持在 30～40 cm。

③ 做好亲虾及虾苗的检验检疫工作,防止病原进入产卵池及育苗池。

④ 发病后,用纤虫净等药物全池泼洒,隔日用三氯异氰脲酸泼洒 1 次,可治愈。

第二节　蟹类常见疾病

一、河蟹"牛奶病"

1. 病原

二尖梅奇酵母,分类上隶属于子囊菌纲,酵母目,梅奇酵母科,梅奇酵母属,最早于 1884 年由梅契尼考夫(Metchnikoff)从患病大型蚤上分离得到。菌体呈椭圆形,不能运动,以多边芽殖的方式繁殖,大小为(0.1～1.6)μm×(1.6～3.0)μm,经过分离培养后的酵母比中华绒螯蟹(河蟹)体内酵母的菌体更大(图 6 - 19,图 6 - 20)。二尖梅奇酵母具有较强的环境适应能力,在温度为 5～37 ℃,盐度为 0～60 和 pH 值为 2～10 的条件下均可以生长,在普通营养琼脂培养基和虎红培养基上生长良好,形成圆形、边缘光滑、中间隆起的白色菌落,在虎红培养基上的菌落后期因吸收培养基上的色素而呈浅红色。

二尖梅奇酵母可感染河蟹、罗氏沼虾、三疣梭子蟹和大鳞大马哈鱼等水生动物并造成严重经济损失。其中,河蟹和三疣梭子蟹感染发病后可形成牛奶样液化,俗称"牛奶病"。此外有报道认为,假丝酵母菌、溶藻弧菌和葡萄牙假丝酵母等单独或混合感染可引起三疣梭子蟹的"牛奶病"。但与三疣梭子蟹"牛奶病"的病原尚有争议性不同,河蟹"牛奶病"的病原已确定为二尖梅奇酵母。

2. 症状

感染二尖梅奇酵母后,病蟹头胸甲中蓄积大量"牛奶"状液体,故称"牛奶病"。人工感染实验证实,中华绒螯蟹"牛奶病"的发病过程大体可分为三个阶段:无症状感染期、症状形成期和显著液化期。河蟹感染 4 d 内,无肉眼可见的临床症状,但在体内可以用显微镜检查或分离到酵母;5～6 d 以后,河蟹头胸甲内蓄积少量液体,但无明显临床症状;7 d 以后,河蟹活力减弱,摄食减少,出现爬草头等表现,解剖见头胸甲腔中的牛奶状液体增多,鳃组织开始浑浊发白,最后鳃组织变白、肌肉组织及肝胰腺组织浑浊、乳化甚至完全液化解体,头胸甲腔内几乎充满牛奶状液体,病蟹逐步衰弱死亡(图 6 - 21)。

3. 发病规律

河蟹"牛奶病"最早见于 2018 年秋盘锦地区的扣蟹和成蟹,2019 年开始呈暴发性流行,目前已成为我国北方地区河蟹养殖最常见、最重要、造成损失最大的疾病。该病传染性很强,感染率可达 30％左右,病死率很高,严重时可达 100％。2021 年,某养殖户购进 200 kg 80 头规格的河蟹计划在插秧后放养,在池塘内暂养 1 个月,最后仅仅捕出 4000 多只。目前,此病正向南方河蟹养殖区扩散,据了解,江苏和安徽部分河蟹养殖地区今年已有此病发生。

病蟹、死蟹和污染的底泥、水体是该病重要的传染源。河蟹规格大小与疾病发生关系不大,扣蟹、成蟹皆可感染发病。该病主要流行秋冬低水温期,一般在秋季扣蟹冬储开始时可见到病蟹,越冬后病蟹显著增多。冬储收购和分蟹操作损伤,以及越冬期营养不足,抵抗力下降可能是该病传播和扩散的重要诱因。

4. 诊断方法

"牛奶"状液体蓄积为该病主要特征,确诊需要进行病原分离和鉴定,临床诊断要点如下:

① 检查病蟹头胸甲腔中出现牛奶状液体蓄积即可做出初步诊断。

② 取病蟹头胸甲腔中蓄积的液体,制作水封片,显微镜下观察到大量椭圆形,有出芽现象的菌体可进一步诊断。

5. 防治方法

目前尚无有效的治疗方法。

① 放养前彻底清淤、生石灰彻底消毒,减少环境中的病原。

② 加强苗种检查,不放养带病苗种。

③ 扣蟹收购和冬储规范操作,减少损伤,越冬前强化投饵,缩短越冬期有助于预防该病的发生。

④ 目前尚无药物可用于治疗。发病后应及时捞出病蟹和死蟹,减缓疾病的扩散散播。

二、河蟹固着类纤毛虫病

1. 病原

单缩虫、聚缩虫、钟虫、累枝虫等,分类上隶属于纤毛门,寡膜纲,缘毛目。虫体单个存在或群体生活。单个虫体的形态和结构大致相同,都呈倒钟形、花朵样,虫体前端有口盘,口盘的边缘有纤毛,后端具柄。群体生活个体间有细长的柄相连,有的柄内有肌丝,可运动(图6-22)。

固着类纤毛虫利用虫体后部的柄吸附固着在虾、蟹和其他物体的表面,并不直接从宿主获取营养,影响宿主的摄食、运动、生长和生活。其并不是真正的寄生虫。

2. 症状

纤毛虫吸附固着在螃蟹体表、附肢和鳃等部位,少量固着时,河蟹无明显临床表现。固着数量较多时,河蟹体表包裹一层薄的絮状物,运动、摄食和呼吸都受到影响(图6-23),此时河蟹如能顺利蜕壳,将恢复正常。严重时整个河蟹完全被絮状物包裹,似长毛一般,故名"长毛蟹"(图6-24),病蟹体呼吸困难,行动迟缓无力,生长发育迟缓,运动和摄食困难,不能蜕壳,最终死亡。

3. 发病规律

固着类纤毛虫呈世界性分布,我国各地都可见到,在海水和淡水环境都有,但以低盐度水域更为常见。育苗期和养成期的河蟹都可被聚缩虫、累枝虫等固着类纤毛虫吸附固着,幼体受害尤为严重。

该病的发生与河蟹的健康状况有关,河蟹活力越好,纤毛虫越不易吸附固着,反之则更易发病。水体有机质含量是该病发生的另一影响因素,如投饵过多,放养密度过大,换水较少等导致水质恶化,纤毛虫很容易大量暴发,吸附在河蟹体表和鳃上,从而导致河蟹发病。

4. 诊断方法

① 根据河蟹体表絮状物外观即可做出初步诊断。

② 该病易与真菌和藻类附着引起的疾病混淆,必要时可取鳃丝或附着物,制作水封片,显微镜下检查确诊。

③ 河蟹幼体在发病初期一般不形成明显的长毛症状,在发现幼体活力不好时,可抽样将幼体整个置于显微镜下检查确诊。

5. 防治方法

① 放养前彻底清池、清污,消毒,放养后适量投饵,及时清除残饵粪便,勤换水,以保持水质清洁。

② 育苗期间勤检查,发现河蟹幼体上有少量纤毛虫时,要注意换水,合理投喂,促进生长,蜕壳后会自然痊愈。

③ 河蟹养成期可全池施用茶粕(茶籽饼),使其在池水中的浓度达$(10 \sim 15) \times 10^{-6}$ g/m³,可以促进蜕壳,然后大量换水。或使用硫酸锌全池泼洒,使其在池水中的浓度达 3 g/m³,然后大量换水。

三、河蟹水瘪子病

1. 病因

河蟹水瘪子病的病因目前还没有大家公认的确定结论,主流说法有两种:一是认为该病是病毒、细菌或微孢子虫等病原生物感染,尤其是病毒感染引起的疾病。二是由于环境胁迫致使河蟹健康状况极度恶化导致,如温度变化,水质不良,药物残留,缺氧引起的慢性厌食以及饵料不足或营养不全等都可通过损伤肝胰腺而引发该病。

2. 症状

病蟹摄食减少或不摄食,活力减弱,甲壳颜色发黑,甲壳发软不易硬化,附肢发软无力,严重时甲壳因水肿突起。肝胰腺萎缩坏死,初期呈土黄色、淡黄色并逐渐发展成白色,糨糊样外观;鳃丝发黑,水肿或者萎缩;空肠;头胸甲腔积液,肌肉萎缩,有水状液体流出,附肢基部捏上去空瘪,故名水瘪子(图 6 - 25、图 6 - 26)。

3. 发病规律

河蟹水瘪子是一种慢性疾病,其病程很长,虽然一般不造成河蟹的大规模死亡,但会严重影响河蟹的生长和品质造成巨大的经济损失。水瘪子病的发生既可呈突然的急性暴发,也可呈规律性的季节性流行。急性暴发一般是由特定诱因引发,发病快,病程急,没有特别的季节规律。季节性流行则在每年的固定季节暴发,以 6 月中旬至 7 月梅雨季节最为常见,梅雨季节缺氧可能是重要的诱因。目前,水瘪子已逐步发展到全年整个养殖流程都可见到零星发病。

4. 诊断方法

该病主要根据典型的临床症状进行诊断,注意以下几点:

① 病蟹肝胰腺萎缩,颜色逐渐变浅,发白并糨糊化。

② 头胸甲腔积液。

③ 附肢无力,基部空瘪,肌肉萎缩,有液体流出。

5. 防治方法

目前该病主要以防为主,尚无有效的治疗方法。

① 选择体质健壮,活力好的蟹苗,下塘前严格抽检和消毒,避免带病下塘。

② 养殖过程中注意增强河蟹体质,尤其注意河蟹肝胰腺的保护。选用营养均衡的优质饲料,饲料蛋白质含量不宜过高,合理投喂保肝护胆和免疫增强剂等产品。

③ 加强水质监测和调节,确保水质优良,尤其要保证充足的溶解氧,不滥用药物以免造成药害,损伤肝脏引发水瘪子。

第一节　海参常见疾病

一、海参腐皮综合征

1. 病原

该病又称海参化皮病,细菌是引发该病最主要和最常见的原因,常见的细菌病原有灿烂弧菌、溶藻弧菌、黄海希瓦氏菌、假交替单胞菌、杀鲑气单胞菌、葡萄球菌等。

2. 症状

发病初期,病参对外界刺激反应迟钝,常出现摇头、肿嘴和排脏现象。感染中期,病参的体色变暗,身体僵硬或呈收缩状,疣足末端秃钝、发白,体表或者口腹部出现小面积溃疡,眼观呈蓝白色的小斑点。溃疡灶可以是单个,也可以是多个。到感染后期,病灶变大、变深,数量增多并可相互融合呈大的溃疡灶,严重时表皮大面积腐烂穿孔,漏出内脏,最后病参死亡溶化为鼻涕状的胶体,很快完全消失(图 7 - 1)。

3. 发病规律

该病是当前养殖海参最常见的疾病,常年都可发生,在冬、春的低水温季节最为严重,一般在 2—3 月份,水温低于 8 ℃时暴发流行。该病感染率高,传染扩散速度快,一旦发生可很快蔓延至全池,发病(出现症状)海参几乎全部死亡。不同规格大小的海参都可感染发病,但尤以越冬保苗期幼参受害更为严重。饵料不足、倒池换水操作和低温不适都可能是该病的重要诱发因素。

4. 诊断方法

海参体表溃疡是该病的主要特征,确诊需进行细菌的分离和鉴定,临床诊断应注意以下几点:

① 病参有典型的溃烂症状,但应注意当海参遇到强刺激性消毒剂或油脂物质时也会发生溃烂,诊断时应注意辨别分析,后者通常会呈现突然发病和很高的发病率。

② 注意与纤毛虫寄生引起皮肤缺损的区别,后者通常边缘清晰,损伤表面无明显液化。

③ 取溃疡病灶边缘组织制作组织触片,经迪夫快速染色后见大量细菌。

5. 防治方法

① 选择活力好,摄食能力强的健康参苗放养,放养密度不宜过大。

② 育苗过程中要注意保持优良而稳定的水质,适当换水、勤刷板、适时倒池、及时分苗,工具、容器应经常消毒并专池专用,避免交叉感染。

③ 运输、倒池过程中应轻柔规范操作,避免海参受伤和应激反应。

④ 发病时,应马上倒池、分池,加大换水量,及时挑拣出发病严重的个体进行掩埋处理,同时使用温和型消毒剂如二氧化氯全池泼洒,使其在池水中的浓度为 0.5～1.0 g/m³。

二、盾纤毛虫病

1. 病原

盾纤毛虫,分类上隶属纤毛门,寡膜纲,盾纤目,是海水养殖中常见且多发的危害性纤毛虫类的原生动物。盾纤毛虫属组织内寄生的兼性寄生虫,即可以细菌、微藻、原虫等颗粒物质为食,营自由生活,也可寄生在软体动物、甲壳类、鱼类等寄主的组织内,营寄生生活。盾纤毛虫活体外观呈瓜子形,体表周身披有纤毛(图 7-2)。

2. 症状

盾纤毛虫寄生后,海参活力减弱,触手摆动频率加快,常出现间歇性摇头症状。海参体表出现形状不规则、深浅不一的缺损病灶,边缘与周围正常组织界限清晰,通常没有明显的黏液增多和液化发生。严重时,整个皮肤破溃,漏出肠道和呼吸树等内部组织,最终导致海参解体死亡。刮取病灶组织,在显微镜下观察,可见快速游动的纤毛虫(图 7-3)。

3. 发病规律

成参和稚参都可受害,但以育苗池的稚参发病尤为严重。该病的发生和水温、水质、环境应激和细菌感染等都有一定关系。在夏季高水温(20 ℃左右)季节,海参幼体附板后的 2～3 d 最易暴发此病,常在短时间内造成大规模死亡。

换水应激,倒池造成的机械损伤或消毒剂造成的皮肤化学损伤等都可促使该病发生。投饵过多,水质恶化也是该病的诱发因素。

4. 诊断方法

盾纤毛虫寄生与体表溃疡是该病的特征,临床诊断应注意以下几点:

① 病参体表溃疡,注意与细菌性腐皮综合征相区别,后者表皮常有黏液和液化。

② 刮取溃疡处组织于显微镜下观察,见到大量运动迅速,周身纤毛的水滴形虫体即可确诊。

5. 防治方法

① 选用活力好的,体表无伤的健康苗种。

② 加强饲养管理,合理投饵、换水,避免水质恶化导致盾纤毛虫暴发生长。

③ 规范操作,慎用消毒剂类药物,以减少应激和体表损伤而暴发盾纤毛虫病。

④ 发病初期在做好上述环境管理措施的基础上,可使用一些商品化的中药进行治疗。有报道指出,中药组方(槟榔、生石膏、地黄、黄连、苦参、板蓝根、大黄等)按 30 g/m³ 浸泡给药,药浴 2 d 后换水,重新加药进行第 2 次药浴,有一定效果。

三、海参桡足类敌害

1. 病原

分叉小猛水蚤及猛水蚤目的一些其他种类,世界各地的近岸海域都有分布。猛水蚤为底栖种类,与参圈和育苗池海参栖息位置重叠,可在海参体表爬行、跳跃,或用其强壮且具有粗长刚毛的第二小颚和颚足捕食海参,3 mm 以下的稚参可直接被捕食,更大一点海参包括成参虽不能被捕食,但易造成皮肤损伤,继发细菌感染。由于猛水蚤繁殖能力很强,条件适宜时,可很快产生大量的幼体和成体,使参苗成活率和成参产量显著下降,数量特别多时有争食饵料、争夺生存空间及耗氧等负面影响(图 7-4)。

2. 症状

桡足类寄生可导致稚参和成参皮肤溃烂,并继发感染细菌,导致海参化皮严重时死亡。

3. 发病规律

蓄水圈水体中的桡足类无节幼体、桡足幼体和成虫是育苗保苗池中桡足类的主要来源。水体残饵粪便多,有机质含量高时,桡足类易大量暴发。桡足类在育苗保苗池中的流行季节主要是 4—10 月份,在 6—8 月水温上升到 15～20 ℃ 以后常大量繁殖,活力更强,暴发流行。春季亲参促熟过程中,大棚水温高,桡足类也容易大量繁殖,引起亲参厌食,影响亲参性腺成熟度和培育效果。

4. 诊断方法

取病参病灶处组织于显微镜下观察,见到大量桡足类即可确诊。

5. 防治方法

① 进水水源经过砂滤后,在进水口使用 200 目以上的筛绢网再次过滤,可有效截住

水源中的成虫和幼虫。

② 海泥中会携带桡足类的成虫或幼虫,在桡足类发生高峰期,尽可能投喂干泥或煮熟海泥,也有预防作用。

③ 投饵适量,避免投喂过量,泼洒水质调控微生态制剂以分解过多有机质,可抑制桡足类的大量暴发。

④ 育苗水体中大量暴发桡足类后,可选用大环内酯类抗寄生虫药(伊维菌素、阿维菌素)及其复方制剂杀灭。应注意,桡足类对杀虫药物的耐药性产生速度非常快,同一种药物连续使用2～4次以后很快产生耐药性,建议选择杀虫药物时轮换使用,避免盲目加大剂量和使用次数,引发药害。

四、后口虫对海参的危害

1. 病原

唇生后口虫,在分类上隶属于纤毛门,寡膜纲,触毛目,半旋科,后口虫属。虫体形态呈倒置的火炬形,长 50 μm 左右,虫体宽为 18 μm 左右。唇生后口虫主要寄生在海参的呼吸树内(图 7-5)。

2. 症状

寄生数量少时,海参通常没有明显的表现。当寄生数量较多时,病参呼吸树被堵塞或啃食损伤,丧失原有活性和机能,严重影响海参的呼吸效率。患病海参摄食能力降低、爬行能力减弱、生长减缓,甚至出现"吐肠""回礁""老头苗"等一系列问题,在春、秋季海参采捕期,海参会出现摄食吐肠,海参壁薄的现象,夏季夏眠期海参肿胀,出现所谓"面包参"现象。

3. 发病规律

唇生后口虫主要生活在海参的呼吸树内,对海参其他组织器官未见影响。目前尚未见唇生后口虫对于其他陆生生物及哺乳动物造成危害的报道。

后口虫病的暴发与海参体质和池塘环境关系密切。一般体质健壮的海参受后口虫影响很小,反之则受害严重。池塘环境尤其是底质,对后口虫的发生影响很大,一般易长草,经常杀草,腐败烂草堆积的参圈,易暴发后口虫病。

4. 诊断方法

取病参呼吸树,制作水封片于显微镜下观察,见到大量后口虫的存在。需要注意,在患病海参呼吸树上只见到少量后口虫时,不能诊断为后口虫病,需要仔细辨析发病原因。

5. 防治方法

后口虫病一旦暴发,没有好的治疗方法,主要从环境调控和增强海参抗病力着手,做好防控:

① 采用周期性清塘、分段化养殖的模式,参圈应适度"转养、休养",防止池底老化,腐败有机质大量堆积。

② 养殖过程中,定期针对底泥做氧化性处理,确保底质清洁、水质稳定,对于"敌害"生物的清除工作要适度、适量,不可采用彻底杀灭,只留下海参的极端方式。

③ 放养以天然饵料为主要饵料培育的,长势佳、吃料猛的大规格健壮的海参苗种。

④ 做好饲养管理工作,做好底栖硅藻等饵料培育和补充,确保海参饵料充足,营养均衡,提升海参对后口虫的抵抗力。

⑤ 养殖过程中使用投入品时,优先选用中草药及生态制剂,少用化学投入品以减少药品对海参和环境的刺激、残留等影响。

五、海参池塘杂草

1. 病原

海参池塘的青苔、杂草主要有绿藻门和褐藻门的一些大型藻类,如浒苔、钢丝草、黄管菜、绿管菜、石莼等。大量滋生的杂草对海参养殖危害巨大,已严重制约海参池塘养殖产业的可持续健康发展。

浒苔(图7-6),俗称苔条、苔菜,在分类上隶属于绿藻门,石莼目,石莼科,主要分布于海水水域中,常见于潮间带和泥沙滩的岩石与石砾上,也可附长在大型海藻的藻体上。钢丝草,学名硬毛藻,属绿藻门,刚毛藻目,刚毛藻科,硬毛藻属,藻体呈暗绿色、易碎、弯曲的丝状,通常聚集成团。黄管菜(图7-7),学名网管藻,分类上隶属于褐藻门,网管藻目的大型藻类。

2. 症状

青苔、杂草大量生长、泛滥会使水体清瘦、透明度升高,水体pH值大幅度升高,严重时可达8.8以上,水体溶解氧剧烈波动,导致海参出现气泡病或缺氧死亡。海参容易进入青苔、杂草丛中,被藻丝缠住会影响其觅食和呼吸,导致死亡。

当青苔(图7-8)、杂草消亡,腐烂,会在池塘底部积累大量的有机质,短时间内腐败变质,产生大量硫化氢、氨氮、亚硝酸盐等并散发恶臭味,败坏水质。随着池底腐败,有害细菌大量繁生,极易滋生盾纤毛虫、后口虫等病害,暴发赤潮藻类。

3. 发病规律

海参养殖池塘每年的 6—7 月,水温升高,一些高温青苔如浒苔类的管菜、牛毛草等开始滋生泛滥。温度适宜、池塘清瘦、光照强、池塘老化、水体中有益藻类和菌类较少等是引起青苔泛滥成灾的主要因素。钢丝草在山东半岛、辽宁、河北等海参养殖区滋生泛滥,是海参养殖池塘常见的杂草,一般 5—9 月份暴发,生长速度极快,高峰期时每天可长几十厘米,比人工捞除的速度还要快,严重影响了海参的生态环境,是危害最大的一类杂草。

黄管菜是一种低温有害藻类,在秋末冬初时出现,封冻期在冰下就会开始大量繁殖生长。春季化冰后水温 6 ℃ 以上生长速度加快,10～16 ℃ 开始疯长,通常水温达 18 ℃ 以后,开始逐渐死亡腐烂。需注意,近两年有一部分黄管菜在超过 18 ℃ 以后仍然快速生长。

4. 诊断方法

根据养殖水体中大量出现的杂草即可诊断。

5. 防治方法

海参池塘杂草一旦滋生泛滥,防控成本和难度很大,应重点做好预防工作。

① 放养前彻底清除过多淤泥,翻耕曝晒池底,用生石灰消毒,可有效防止青苔及钢丝草的滋生和生长。

② 春季适时肥水,培育单细胞藻类以降低养殖池塘的透明度,适时提高池塘水位,可有效抑制青苔及钢丝草的大量繁殖和生长。

③ 通过定期投加益生菌和适合底栖硅藻生长的营养盐类,促进有益菌和底栖硅藻类的大量繁殖,通过营养竞争的方法抑制青苔杂草的滋生。池塘已有大量青苔出现时,千万不可盲目肥水,否则容易导致青苔越来越多。

④ 如池塘中发现青苔及钢丝草,应及时人工捞除,捞完后投加有益菌和藻类营养盐,促使浮游和底栖藻类繁殖,以防止青苔再次暴发。

⑤ 光照是青苔杂草生长必不可少的条件,可根据实际养殖条件选用生物遮光或物理遮光的方法抑制杂草生长。

六、海参池塘甲藻赤潮

1. 病原

我国近海的赤潮生物约有 90 多种,其中 30％ 左右是有毒种。甲藻是重要的赤潮生物,其中,前沟甲藻、原甲藻和裸甲藻等是海参养殖中常见的赤潮藻类,对海参养殖危害很大。

前沟甲藻,主要分布于热带和温带海域,强壮前沟藻是海参池塘常见种类。藻细胞呈顶尖形或双锥形,其中上锥部退化,大小不超过体长的 1/4,细胞无鞘,长 $7\sim15\ \mu m$,宽 $5\sim7\ \mu m$,上锥部与下锥部通过横沟相连,横沟环绕着上锥部,纵沟位于右侧缘,生有横纵两鞭毛,藻体内有 $3\sim4$ 个黄色色素体(图 7-9)。

原甲藻细胞卵形或似心脏形,左右侧扁,海洋原甲藻是海参池塘常见种类。藻细胞长约 $50\ \mu m$,顶端有一齿状突起。细胞壁上有明显的纵裂线,将细胞分为左右两瓣。鞭毛两条顶生,鞭毛孔附近有一齿状突起。壳面有孔纹。色素体两个,片状侧生,或颗粒状(图 7-10)。

裸甲藻,无细胞壁,细胞裸露或仅有固定形状的周质膜,细胞椭圆形,横沟位细胞中部或略下,壳缝略延伸到上锥部。色素体多个,盘状,棒状,周生或辐射排列(图 7-11)。

2. 症状

赤潮甲藻暴发的池塘,养殖水体下风口处出现红色,进一步发展为整个池塘水体呈现红色,严重的池底也会出现红色。由于甲藻的运动能力比较强,故而会形成聚群而导致水体颜色不均匀,有时呈现一块红一块绿或者白的现象,有时候也会出现均匀的红褐色。

暴发甲藻的池塘水质变化巨大,尤其是水体 pH 值大幅度升高,严重时可达 9.0 以上,白天阳光充足时,光合作用剧烈,溶解氧高,导致海参出现气泡病;夜晚,一方面甲藻大量耗氧,溶解氧下降,同时水体氨氮、亚硝酸盐超标,导致缺氧死亡,另一方面,甲藻死亡时,释放甲藻毒素,可使海参中毒出现吐肠和黄肠现象,整体组织变软,身体拉长、严重时引起化皮,大量死亡。池底常见海参死亡后留下的白色斑点,尤其是对新投放的海参苗种,影响最大。

3. 发病规律

海参池塘赤潮主要见于每年的 4 月中下旬,水温逐渐升高之后。赤潮的暴发与池塘状况关系密切,通常以下三种情况易发:

① 池塘淤泥厚、有机质多的老旧参圈。

② 参圈水草突然死亡,未及时捞出和改底,导致水草沉底腐烂。

③ 平时不注重改良底质,池塘底泥发黑、发臭。

4. 诊断方法

水色变化是赤潮的标志,临床诊断应注意以下几点:

① 水色突变,呈粉红色、绯红色、褐红色、黄绿色或墨绿色等,可初步判断发生赤潮。

② 取水样,显微镜下检查优势藻类,确定引发赤潮的具体种类。

5. 防治方法

① 赤潮多发季节,注意监测池塘水质和海参健康状况,关注周边海区赤潮情况,防止在赤潮发生时进水引入赤潮生物。

② 科学投饵、肥水,保持池塘浮游生物的多样性和水质稳定。池塘水温升高至15 ℃以后,每隔 10～15 d 使用一次微生态制剂,改良水质、底质,促使菌藻平衡,可以有效抑制甲藻生长。

③ 采用微生态制剂 EM 菌或乳酸菌配合有机酸,改善池底和水环境,调节 pH 值,对前沟甲藻的防治有比较好的效果。

④ 有的赤潮生物常聚集在池塘两侧朝阳的塘角上或边角上,距离水面 20 cm 左右的水层中,可使用小型潜水泵慢慢地放入水中将赤潮生物抽出,看到赤潮生物再次聚集后可再次抽出。一般抽出 2～3 次后即可解除危害,对有毒种类的赤潮生物还需同时进行局部的药物解毒处理。

⑤ 对聚集面积较小、聚集密度较大的赤潮生物群,可在赤潮生物群周围隔 2 m 左右插一根竹竿,再用细筛网将其圈围,然后用潜水泵将赤潮生物带水抽出,之后再用药物作适当处理。

⑥ 对于池塘底部发红的参圈,可先采用冲圈的方法将沉在底部的甲藻浮动起来,然后使用氧化型改底片对底泥部分进行氧化处理,采用果酸和有机酸对浮在上层的甲藻进行处理。

第二节　海胆常见疾病

一、海胆红斑溃疡病

1. 病原

屈挠弧菌、棘球弧菌和溶珊瑚弧菌,在分类上属于弧菌科,弧菌属。

2. 症状

细菌感染后,病海胆摄食减少甚至停止摄食,体表出现圆形、椭圆形、不规则红色溃疡病灶,病灶棘刺及其附属物脱落,部分棘刺基部表皮层发黑,并连接成片。溃疡病灶处覆盖脓样的红色或暗红色黏液。严重时,海胆溃疡穿孔,性腺等物质溢出到壳外部,造成海胆大量死亡(图7-12)。

3. 发病规律

中间球海胆、虾夷马粪海胆、绿海胆等都易发生此病。夏季是该病高发季节,水温升至 23 ℃以上后 2～3 d 开始发病,最晚可推迟到十余天后发病,海胆死亡率高达 90% 以上。秋季水温降至 20 ℃以下时发病率明显下降。

海胆红斑溃疡病主要以通过表皮碎屑、渗出的生殖腺等经水传播的水平传播方式进行传播扩散。水质不良或者养殖密度过大造成水质恶化,海胆之间棘刺相互碰撞造成海胆体表创伤都可促进该病的发生与快速传播。

4. 诊断方法

海胆红斑溃疡病是一种以出现红色溃疡病灶和棘刺脱落为特征的全身感染性疾病。主要临床诊断要点如下:

① 海胆出现明显的红色溃疡病灶和棘刺脱落,溃疡病灶处具有红色黏液是该病的典型特征。

② 取体表溃疡处黏液,制作触片经迪夫快速染色后见大量短杆菌。取黏液或体腔液划线分离,在普通营养琼脂、TCBS 平板上形成圆形菌落可确诊。

5. 防治方法

海胆红斑溃疡病病程进展迅速,且发病后海胆不摄食,因此应重在预防,一旦发病及时控制是减少损失的关键。

① 降低养殖密度,尽量避免海胆之间棘刺造成伤口。

② 保持良好而稳定的水环境。

③ 水温达到 20 ℃以上时要定期进行水体消毒。

二、秃海胆病

1. 病原

鳗弧菌或杀鲑气单胞菌,其他细菌也可引起。

2. 症状

感染后,患病海胆棘刺基部表层皮肤变绿或变成紫黑色,棘刺中间或基部断裂、脱落,壳上其他附属物也随之脱落,呈秃头状而得名"秃海胆"。病灶表皮组织或真皮组织坏死发黑,形成圆形、椭圆形、不规则形状损伤区域。严重者体表形成穿孔,造成海胆大量死亡(图7-13)。

3. 发病规律

秃海胆病易感物种包括紫海胆、虾夷马粪海胆等。该病的发生和传播规律与海胆红斑溃疡病比较相似,夏季是该病高发季节,秋季水温降低发病率明显下降。以水平传播为主,水质不良和养殖密度过大是该病发生的重要诱因。

4. 诊断方法

该病以海胆棘刺脱落为主要特征,临床诊断时应注意以下几点:

① 见到海胆棘刺断裂脱落,但早期红斑症状不明显,即可做出初步诊断。

② 病灶处染色镜检或分离到大量细菌可进一步诊断,但确定具体的病原需要进行进一步的实验室诊断。

5. 防治方法

同海胆红斑溃疡病。

第三节 海蜇常见疾病

一、海蜇溃烂病

1. 病原

轮虫弧菌和地中海弧菌等弧菌属的细菌。

2. 症状

海蜇被感染后,典型症状为海蜇伞体部出现溃烂,萎缩(图7-14),个别严重者伞体部溶解出现孔洞,导致胃腔内大量食物包裹黏液渗出。患病海蜇浮出水面,贴池边缓慢游动或者停驻在池塘围网边,养殖户通常把患病海蜇单独围网隔离开。

3. 发病规律

海蜇溃烂病能感染所有生活阶段的海蜇,海蜇受外界环境影响大,水体弧菌量过多或者 pH 值变化大,都有可能导致该病的发生。通常发病时水温为 20~30 ℃感染率最高,从 6 月末至 9 月均有发病。

4. 诊断方法

海蜇溃烂病是一种以伞体部溃烂病变为典型特征的全身性疾病。主要临床诊断要点如下:

① 海蜇伞体部出现大小不定充满黏液的溃烂病灶,即可做出初步诊断。

② 在海蜇溃烂病灶处分离到大量弧菌可进一步诊断。

③ 发病池塘通常弧菌量过高,或者存在 pH 值不稳定的问题。

5. 防治方法

海蜇溃烂病应该以预防为主,保证池塘水质环境稳定。

① 定期监测池塘水质指标,大潮时及时换水,保证池塘水的 pH 值相对稳定。

② pH 值偏离适宜范围时,及时使用生石灰或通过适当换水进行调整。

③ 如果池塘中弧菌过多,通常使用碘制剂消毒,配合使用微生态制剂,如芽孢杆菌、乳酸菌、EM 菌等降低池塘中弧菌量。

二、海蜇平头病

1. 病原

浮游生物量过少,甲藻量过多都易造成海蜇平头病;同时天气突然变化、大风降温、pH 值不稳定等易造成海蜇应激反应,海蜇聚集在围网边用伞体部撞击围网,造成平头病。该病是立体养殖池海蜇常见疾病。

2. 症状

海蜇患平头病后,典型症状为海蜇伞体部由于撞击围网出现塌盖现象,海蜇伞体部变平与健康海蜇圆形伞体部相比格外明显。患病海蜇由于伞体部塌陷、变平导致游动缓慢,影响生长,严重者由于长期顶网伞体部塌陷、破裂最终导致死亡。养殖户通常把患病海蜇单独围网隔离开(图 7-15)。

3. 发病规律

海蜇平头病能感染所有生活阶段的海蜇,海蜇受外界环境影响大,浮游生物量不足、甲藻过多、大风降温、pH 值不稳定都有可能诱发该病的发生。整个养殖季节均有发病。水质不良也是该病发生的主要原因。

4. 诊断方法

海蜇平头病是一种以伞体部变平、塌陷、破裂为典型特征的全身性疾病。主要临床诊断要点如下：

① 海蜇聚集在围网处不停顶网,导致伞体部变平、塌陷、破裂是该病的典型特征。

② 取池塘水进行水质指标(盐度、pH、氨氮、亚硝酸盐)测定。

③ 用浮游生物网浓缩,并固定后显微镜下观察计数。

5. 防治方法

海蜇平头病应该以预防为主,保证池塘水质环境稳定。

① 在海蜇养殖过程中,要保证每天测定池塘水质指标,大潮及时换水,从而使池塘水的 pH 值相对稳定。

② pH 过低可使用生石灰调节,pH 值过高可适当换水解决。

③ 如果发现池塘中浮游生物量过少,应当及时肥水,保证海蜇有充足的饵料供应。

［1］战文斌,2011.水产动物病害学［M］.第2版.北京:中国农业出版社.

［2］俞开康,占文斌,周丽,2000.海水养殖病害诊断与防治手册［M］.上海:上海科学技术出版社.

［3］本书编委会,2021.2022年执业兽医资格考试应试指南(水生动物类)［M］.北京:中国农业出版社.

［4］于淼,李蜀葩,2003.无公害水产养殖新技术与标准化管理实用全书:第2册［M］.吉林:吉林电子出版社.

［5］吕爱军,胡秀彩,2018.水产动物传染病学［M］.北京:科学出版社.

［6］曹煜成,文国梁,杨铿,2021.南美白对虾高效健康养殖百问百答［M］.第2版.北京:中国农业出版社.

［7］国家质量监督检验检疫总局译,2000.水生动物疾病诊断手册［M］.第3版.北京:中国农业出版社.

［8］杨海生,2010.动物疫病诊断与防治［M］.银川:宁夏人民出版社.

［9］中国水产科学研究院,2004.淡水养殖实用全书［M］.北京:中国农业出版社.

［10］郑静晨,2012.人生必须知道的健康知识科普系列丛书:检验医学:上［M］.北京:中国科学技术出版社.

［11］施颂发,2001.稻田养殖特种水产动物［M］.北京:中国农业出版社.

［12］全国水产技术推广总站,2018.水产新品种推广指南［M］.北京:中国农业出版社.

［13］俞开康,2000.海水鱼虾疾病防治彩色图说［M］.北京:中国农业出版社.

［14］刘世禄,2009.无公害对虾养殖技术［M］.济南:山东科学技术出版社.

［15］孟庆显,1996.海水养殖动物病害学［M］.北京:中国农业出版社.

［16］李建政,2010.环境毒理学［M］.北京:化学工业出版社.

［17］庞德彬,彭劲松,南美白对虾TAURA综合征的爆发与实用防治技术［C］//第三届全国海珍品养殖研讨会.

［18］封金土,张明云,2006.南美白对虾传染性疾病防治技术探讨［J］.渔业致富指

南,(18):4.

[19] 洪徐鹏,2014.南美白对虾常见病害发生的原因及防治对策[J].渔业致富指南,(11):3.

[20] 郭思聪,孙娜,刘建男,等,2020.辽宁地区中华小长臂虾肌肉白浊症的初步诊断[J].科学养鱼,(4):1.

[21] 郭敏莉,2012.罗氏沼虾肌肉白浊病的防治[J].渔业致富指南,2012(12):2.

[22] 张诗义,2003.浅谈中草药防治对虾"红腿病"的体会[J].福建畜牧兽医,25(1):1.

[23] 董学洪,2010.罗氏沼虾纤毛虫病的防治[J].科学养鱼,(2):1.

[24] 肖培弘,2000.虾蟹纤毛虫及丝状藻附着综合征防治技术初探[J].动物科学与动物医学,17(1):2.

[25] 计连泉,濮月龙,2007.青虾常见疾病防治技术[J].科学养鱼,(3):2.

[26] 刘屹峰,2002.革兰氏染色方法的改进[J].鞍山师范学院学报,4(1):1.

[27] 王淑芹,张秀春,2003.介绍一种血片改良瑞氏染色法[J].实用医技杂志,10(3):1.

[28] 周晓梦,张秀梅,李文涛,2018.温度和溶解氧对仿刺参存活,代谢及运动能力的影响[J].水产学报,42(8):11.

[29] 宋晶,吴垠,李晓东,等,2009.海蜇生长、存活影响因子的研究现状[J].河北渔业,2009(06):45－49.

[30] 刘世英,1988.溶氧量与鱼类关系的研究概况[J].国外水产,(1)17－25.

[31] 丁茹馨,王全超,纪莹璐,等,2022.低氧胁迫对光棘球海胆 *Mesocentrotus nudus* 致死性及生理机能的影响[J].广西科学,29(01):158－167.

[32] 于燕光,逯云召,宓慧菁,2018.天津地区海胆工厂化养殖试验[J].海洋与渔业,(11):72－73.

[33] 张丽萍,2014.便携式溶解氧仪法测定水中溶解氧相关问题探讨[J].环境科学导刊,33(S1):86－87.

[34] 唐黎标,2014.池塘水产养殖常见水质问题及解决方法[J].渔业致富指南,(16):26－28.

[35] 刘茂清,2012.春季鱼塘的饲养管理技术[J].渔业致富指南,(04):31－32.

[36] 张学武,2014.淡水鱼苗放养与饲养管理技术[J].吉林农业,(15):54.

［37］郭秀云,王胜,吴必文,等,2007.环境温度对水产养殖定量化影响的研究［J］.安徽农业科学,(24):7498－7499.

［38］侯秀娟,2019.浅谈水中重金属的污染来源和危害及去除方法［J］.饮料工业,22(05):73－77.

［39］张秀芳,2020.浅析水环境对水产养殖的影响［J］.新农业,(09):48－49.

［40］徐俊龙,莫莉莉,阳连贵,2021.溶解氧在水产养殖中的重要作用和智能监测［J］.农村实用技术,(05):79－80.

［41］贾瑞胜,周建军,董克,等,2021.水产养殖常见不良水色危害及调节措施［J］.今日畜牧兽医,37(07):61.

［42］韩红艳,2021.水产养殖过程中常见的水质问题及解决办法［J］.河南农业,(23):55－56.

［43］田雨,贾中彪,王旭,2011.水产养殖过程中常见的水质问题及解决办法［J］.河北渔业,(06):59－61.

［44］尤艳,2017.水产养殖中的水质问题及解决措施［J］.江西农业,(23):120.

［45］曾海红,2009.鱼类生长旺季饲养管理要点［J］.现代农村科技,(08):31.

［46］何建国,陈勇贵,翁少萍,等,2011.对虾白斑综合症生态防控理论与技术——2011年中国水产学会学术年会论文摘要集.

［47］徐晓丽,李贺密,崔宽宽,等,2013.养殖观赏鱼六鞭毛虫感染症的防治［J］.河北渔业,(5):3.

［48］刘建男,郭羿,倪萍,等,2020.养殖大菱鲆暴发性疖疮病的病原分离与组织病理研究［J］.大连海洋大学学报,35(05):701－706.

［49］刘建男,马红丽,倪萍,等,2019.一例东北拟蜊蛄钟虫病的诊治［J］.科学养鱼,(08):52.

［50］马红丽,孙娜,陆晓岑,等,2020.辽宁地区中华绒螯蟹"牛奶病"的病原分离与鉴定［J］.大连海洋大学学报,35(05):714－718.

［51］郭思聪,孙娜,刘建男,等,2020.辽宁地区中华小长臂虾肌肉白浊症的初步诊断［J］.科学养鱼,(04):57.

［52］王方华,李安兴,2006.草鱼病毒性出血病研究进展［J］.南方水产,(03):66－71.

［53］冯剑,赵景壮,刘淼,等,2019.我国虹鳟传染性造血器官坏死病防控研究现状

［J］.水产学杂志,32(02):14－18.

　　［54］陈红莲,王永杰,蒋业林,2012.传染性造血器官坏死病研究进展［J］.安徽农业科学,40(21):11128－11132.

　　［55］吕晓楠,徐立蒲,王姝,等,2018.鲤浮肿病研究进展［J］.中国动物检疫,35(05):75－80.

　　［56］吕晓楠,徐立蒲,张文,等,2022.感染鲤浮肿病毒镜鲤的组织病理变化及病毒分布规律研究［J］.中国畜牧兽医,49(03):1077－1084.

　　［57］叶仕根,李华,李强,等,2012.一例水库鳙鱼黏孢子虫病的诊治［J］.科学养鱼,(07):63＋93.

　　［58］袁震,刘鹰,吴禹濛,等,2021.福尔马林药浴防治红鳍东方鲀异沟虫病的研究［J］.水产科学,40(02):250－254.

　　［59］王讷言,叶仕根,杜明洋,等,2017.一例红鳍东方鲀盾纤毛虫病的诊治［J］.科学养鱼,(02):71＋29.

　　［60］刘杰,2012.患病罗氏沼虾幼体可疑病原核酸随机克隆技术的探索［D］.上海海洋大学.

　　［61］闫冬春,Kathy F. J. Tang,Donald V. Lightner 等,2009.对虾传染性肌肉坏死病研究进展［J］.海洋科学,33(9):89－91.

　　［62］谢玮,闫冬春,牛余泽,等,2010.核酸探针斑点杂交检测对虾传染性肌肉坏死病毒［J］.水产科学,29(8):443－446.

　　［63］张宝存,2011.养殖对虾病毒性流行病学调查及高通量基因检测芯片的研究［D］.中国海洋大学.

　　［64］谢芝勋,2003.对虾病毒病研究进展［J］.动物医学进展,24(2):27－30.

　　［65］2009 常见病害防治方法［J］.海洋与渔业,(4):29.

　　［66］罗本茂,2015.规模化对虾养殖场养殖管理经验分享［C］.//2015 中国养虾业前沿论坛论文集.53－56.

　　［67］杨昊琳,邱亮,刘群,等,2016.一种用于检测黄头病毒新株型(YHV－8)的实时环介导等温扩增方法(real-time LAMP)的建立［C］.//2016 年中国水产学会学术年会论文集.27－27.

　　［68］陈蒙蒙,董宣,邱亮,等,2018.凡纳滨对虾感染致急性肝胰腺坏死病副溶血弧菌(VpAHPND)的定量分析［J］.渔业科学进展,39(4):93－100.

［69］陈蒙蒙,董宣,邱亮,等,2016.致急性肝胰腺坏死病副溶血弧菌(VP$_{AHPND}$)感染凡纳滨对虾后的动态变化以及定量分析［C］.//2016年中国水产学会学术年会论文集.2-2.

［70］李吉云,沈辉,孟庆国,等,2021.对虾急性肝胰腺坏死病(AHPND)流行病学、诊断方法及防控措施的研究进展［J］.海洋科学,45(3):163-172.

［71］余达勇,陈碧秀,钟永军,等,2020.对虾急性肝胰腺坏死致病菌HY3鉴定及耐药分析［J］.水产科学,39(6):844-851.

［72］孙昌飞,祭仲石,韦艳,等,2019.几种消毒剂对弧菌的抑制效果研究［J］.科学养鱼,(10):40.

［73］张峥,黄健,高强,等,2011.中国明对虾肝胰腺细小病毒全基因组的克隆及序列分析［J］.中国水产科学,18(1):59-65.

［74］刘鸿玲,刘敏,闫冬春,等,2011.肝胰腺细小病毒和斑节对虾杆状病毒的PCR复合检测［J］.水产科学,30(8):485-490.

［75］刘天齐,杨冰,刘笋,等,2014.肝胰腺细小病毒(HPV)PCR检测及流行情况调查［J］.渔业科学进展,(4):66-70.

［76］李枝敏,王元,房文红,等,2021.虾肝肠胞虫4个孢壁蛋白基因的鉴定、序列特征及表达分析［J］.海洋渔业,43(1):81-92.

［77］姜宏波,陈裕文,陈启军,等,2020.虾肝肠胞虫病的研究进展［J］.沈阳农业大学学报,51(3):370-376.

［78］冷忠业,乔英,车向庆,等,2010.海蜇池塘健康养殖关键技术要点［J］.科学养鱼,(10):35.

［79］王斌,李岩,李霞,等,2005.中间球海胆"红斑病"病原弧菌致病机理的研究［J］.大连水产学院学报,20(1):11-15.

［80］李岩,2004.中间球海胆"红斑病"病原菌生物学特性研究及其致病机理初探［D］.大连水产学院.

［81］王斌,李岩,李霞,等.2006.虾夷马粪海胆"红斑病"病原弧菌特性及致病性［J］.水产学报,30(3):371-376.

［82］邹惠冬,2018.虾夷马粪海胆体腔细胞免疫应答的转录组分析［D］.大连海洋大学.

［83］战文斌,俞开康,1993.海参和海胆的疾病［J］.海洋湖沼通报,(01):95-101.

［84］宋宗岩,2006.海参腐皮综合征病因分析与防治"秘诀"[J].渔业致富指南,(23):40－41.

［85］孙喜模,李清,2014.我国主要渔业地区水生动物发病特点及防控技术手册[M].北京:中国农业出版社.

［86］江育林,陈爱平,2012.水生动物疾病诊断图鉴[M].第2版.北京:中国农业出版社.

［87］农业农村部渔业渔政管理局,全国水产技术推广总站,2021年中国水生动物卫生状况报告[M].北京:中国农业出版社.

［88］SN/T 2339—2010.鱼鳃霉病检疫技术规范[S].北京:中国标准出版社.

［89］GB/T 18652—2001.致病性嗜水气单胞菌检验方法[S].北京:中国标准出版社.

［90］SC/T 7201.2—2006鱼类细菌病检疫技术规程:第2部分:柱状嗜纤维杆菌烂鳃病诊断方法[S].北京:中国标准出版社.

［91］SC/T 7201.3—2006鱼类细菌病检疫技术规程:第3部分:嗜水气单胞菌及豚鼠气单胞菌肠炎病诊断方法[S].北京:中国标准出版社.

［92］DB13/T 892—2007草鱼细菌性烂鳃病防治技术规范[S].北京:中国标准出版社.

［93］SN/T 5188—2020迟缓爱德华氏菌病检疫技术规范[S].北京:中国海关出版社有限公司.

［94］吴同垒,单晓峰,孟庆峰,等,2011.维氏气单胞菌研究进展[J].中国兽药杂志,45(7):41－44.

［95］陈翠珍,爱德华氏菌及鱼类爱德华氏菌病(综述)2004.[J].河北科技师范学院学报,18(3):70－76.

［96］陈爱平,江育林,钱冬,等,2011.迟缓爱德华氏菌病[J].中国水产(7):49－50.

［97］耿毅,汪开毓,陈德芳,等,2009.鮰爱德华氏菌与鮰爱德华氏菌病[J].水产科技情报,36(5):236－239.

［98］黄华,刘锡胤,张秀梅,等,2019.鱼类鮰爱德华氏菌与鮰爱德华氏菌病研究进展[J].渔业信息与战略,34(4):272－278.

［99］李爽,常亚青,2008.养殖刺参皮肤溃烂病的防治[J].科学养鱼,(2):50.

［100］窦海鸽,2005.人工养殖刺参疾病综合防治技术[J].科学养鱼,(4):55.

[101] 董颖,邓欢,隋锡林,等,2005. 养殖仿刺参溃烂病病因初探[J]. 水产科学,(3):4-6.

[102] 王印庚,2014. 刺参健康养殖与病害防控技术从解[M]. 北京:中国农业出版社.

[103] 王吉桥,2012. 刺参养殖生物学新进展[M]. 北京:海洋出版社.

[104] 朱建新,2009. 不同处理方法对浒苔饲喂稚幼刺参效果的影响[J]. 渔业科学发展,30(5):108-112.

[105] 邓蕴彦,2011. 强壮硬毛藻(Chaetomorpha valida)的温度性质及其在中国海藻区系中的扩散潜力[J]. 海洋与湖沼,42(3):404-408.

[106] 迟永雪,2009. 中国硬毛藻属新记录种—强壮硬毛藻[J]. 水产科学,(3):162-163.

[107] 栾日孝,张淑梅,1998. 中国海产刚毛藻科新记录[J]. 植物分类学报,(1):3.

[108] 冯天威,2013. 辽宁省黄海沿岸人工岸线潮间带大型海藻调查与分析研究[J]. 海洋科学,37(12):17-27.

[109] 李景胜,2015. 海参池塘养殖中的常见疾病[J]. 科学养鱼,(9):56-58.

[110] 徐奎栋,2000. 海洋贝类的病害性纤毛虫研究Ⅲ. 触毛亚目盾纤类纤毛虫[J]. 青岛海洋大学学报(自然科学版),(2):230-236.

[111] 王颖,2009. 刺参病害现状及其生物技术检测的研究进展[J]. 生物技术通报,(11):60-64.

[112] 徐广远,2010. 海参常见病的诱发因素及防治方法[J]. 中国水产,(3):61-62.

[113] 刘锡胤,2006. 刺参苗室内越冬期病害综合防治技术[J]. 科学养鱼,(2):50-51.

[114] 张壮志,2006. 之三:利用海带育苗池进行刺参亲参培育技术[J]. 中国水产,(1):45-46.

[115] 房英春,张慧,陈曦,2007. 海参常见病害的诊治[J]. 科学养鱼,(4):57.

[116] 房英春,2008. 海参养殖常见病害的诊治[J]. 中国水产,(1):70-71.

[117] 李爽,2008. 刺参疾病防治全攻略[J]. 北京水产,(2):28-30.

[118] 孙斌,2008. 海参常见疾病与防治[J]. 科学养鱼,(4):55-56.

[119] 胡炜,2011. 刺参良种培育及高效健康养殖技术研究[D]. 中国海洋大学.

［120］詹子锋,2012.缘毛类和盾纤类纤毛虫的分类学与分子系统学研究［D］.中国科学院研究生院(海洋研究所).

［121］苏美燕,2012.仿刺参育苗期烂边病及抗生素选择分析［J］.科技视界,(30):412-413.

［122］张春云,2011.海参疾病学研究进展［J］.水产科学,30(10):644-648.

［123］杨秀生,2011.刺参常见病害初诊速查检索表［J］.科学养鱼,(12):50.

［124］白海锋,2012.微生态制剂对幼刺参越冬成活率及生长的影响［J］.河北渔业,(1):5-8.

［125］杨秀生,2009.我国刺参养殖常见致病原因及防控要点［J］.齐鲁渔业,26(9):21-24.

［126］张春云,陈国福,徐仲,等,2010.仿刺参耳状幼体"烂边症"的病原及其来源分析［J］.微生物学报,50(5):687-693.

［127］郭文场,2007.中国的海参(2)［J］.特种经济动植物,(5):30-31.

［128］辜金容,2007.海参的养殖管理与疾病防治［J］.北京水产,(3):27-30.

［129］张伟,2012.胶州湾浮游甲藻的时空变动及与环境间的关系［D］.中国海洋大学.

［130］张安国,王维新,2012.秸构草、青苔、钢丝草等有害藻类对海参养殖的危害及防治措施［J］.科学养鱼,(11):59.

［131］孙爱丽,2014.海参养殖池塘中几种大型藻类的危害及其防治措施［J］.水产养殖,35(5):28-29.

［132］李景胜,2015.海参池塘养殖中的常见疾病［J］.科学养鱼,(9):56-58.

［133］汪开毓,黄小丽,杜宗君,2021.水生动物病理学诊断技术［M］.北京:中国农业出版社.

［134］汪开毓,黄小丽,2021.鱼类病理学［M］.中国农业出版社.

［135］Noga E J,2010. Fish disease:diagnosis and treatment［M］. Wiley-Blackwell.

［136］Untergasser D, Axelrod H R, 1989. Handbook of fish diseases［M］. T. F. H. Publications.

	鱼类疾病	甲壳类疾病	贝类疾病	两栖与爬行类疾病
一类水生动物疫病	鲤春病毒血症	白斑综合征	—	—
二类水生动物疫病	草鱼出血病 传染性脾肾坏死病 锦鲤疱疹病毒病 刺激隐核虫病 淡水鱼细菌性败血症 病毒性神经坏死病 流行性造血器官坏死病 斑点叉尾鮰病毒病 传染性造血器官坏死病 病毒性出血性败血症 流行性溃疡综合征	桃拉综合征 黄头病 罗氏沼虾白尾病 对虾杆状病毒病 传染性皮下和造血器官坏死病毒感染 传染性肌肉坏死病	—	
三类水生动物疫病	鮰类肠败血症 迟缓爱德华氏菌病 小瓜虫病 黏孢子虫病 三代虫病 指环虫病 链球菌病	河蟹颤抖病 斑节对虾杆状病毒病	鲍脓疱病 鲍立克次体病 鲍病毒性死亡病 鲍纳米虫病 折光马尔太虫病 奥尔森派琴虫病	鳖腮腺炎病 蛙脑膜炎败血 金黄杆菌病

* 信息来源:《一、二、三类动物疫病病种名录》(农业部第 1125 号公告)。

水产养殖用药明白纸(2020年1号)

动物食品中禁止使用的药品及其他化合物清单（截至2020年6月30日）

序号	名称	依据
1	酒石酸锑钾（Antimony potassium tartrate）	
2	β-兴奋剂（β-agonists)类及其盐、酯	
3	汞制剂：氯化亚汞（甘汞）（Calomel）、醋酸汞（Mercurous acetate）、硝酸亚汞（Mercurous nitrate）、毗啶基醋酸汞（Pyridyl mercurous acetate）	
4	毒杀芬（氯化烯）（Camahechlor）	
5	卡巴氧（Carbadox）及其盐、酯	
6	呋喃丹（克百威）（Carbofuran）	
7	氯霉素（Chloramphenicol）及其盐、酯	
8	杀虫脒（克死螨）（Chlordimeform）	
9	氨苯砜（Dapsone）	
10	硝基呋喃类：呋喃西林（Furacilinum）、呋喃妥因（Furadantin）、呋喃它酮（Furaltadone）、呋喃唑酮（Furazolidone）、呋喃苯烯酸钠（Nifurstyrenate sodium）	
11	林丹（Lindane）	农业农村部公告第250号
12	孔雀石绿（Malachite green）	
13	类固醇激素：醋酸美仑孕酮（Melengestrol Acetate）、甲基睾丸酮（Methyltestosterone）、群勃龙（去甲雄三烯醇酮）（Trenbolone）、玉米赤霉醇（Zeranal）	
14	安眠酮（Methaqualone）	
15	硝哄烯胺（Nitrovin）	
16	五氯酚酸钠（Pentachlorophenol sodium）	
17	硝基咪唑类：洛硝达唑（Ronidazole）、替硝唑（Tinidazole）	
18	硝基酚钠（sodium nitrophenolate）	
19	己二烯雌酚（Dienoestrol）、己烯雌酚（Diethylstilbestrol）、己烷雌酚（Hexoestrol）及其盐、酯	
20	锥虫砷胺（Tryparsamile）	
21	万古霉素（Vancomycin）及其盐、酯	

食品动物中停止使用的兽药（截至 2020 年 6 月 30 日）

序号	名称	依据
1	洛美沙星、培氟沙星、氧氟沙星、诺氟沙星 4 种兽药的原料药的各种盐、酯及其各种制剂	农业部公告第 2292 号
2	噬菌蛭弧菌微生态制剂(生物制菌王)	农业部公告第 2293 号
3	非泼罗尼及相关制剂	农业部公告第 2583 号
4	喹乙醇、氨苯胂酸、洛克沙胂 3 种兽药的原料药及各种制剂	农业部公告第 2638 号

《兽药管理条例》第三十九条规定："禁止使用假、劣兽药以及国务院兽医行政管理部门规定禁止使用的药品和其他化合物。"

《兽药管理条例》第四十一条规定："禁止将原料药直接添加到饲料及动物饮用水中或者直接饲喂动物，禁止将人用药品用于动物。"

《农药管理条例》第三十五条规定："严禁使用农药毒鱼、虾、鸟、兽等。"

鉴别假、劣兽药必知

《兽药管理条例》第四十七条规定："有下列情形之一的，为假兽药：(一) 以非兽药冒充兽药或者以他种兽药冒充此种兽药的；(二) 兽药所含成分的种类、名称与兽药国家标准不符合的。有下列情形之一的，按照假兽药处理：(一) 国务院兽医行政管理部门规定禁止使用的；(二) 依照本条例规定应当经审查批准而未经审查批准即生产、进口的，或者依照本条例规定应当经抽查检验、审查核对而未经抽查检验、审查核对即销售、进口的；(三) 变质的；(四) 被污染的；(五) 所标明的适应证或者功能主治超出规定范围的。"

《兽药管理条例》第四十八条规定："有下列情形之一的，为劣兽药：(一) 成分含量不符合兽药国家标准或者不标明有效成分的；(二) 不标明或者更改有效期或者超过有效期的；(三) 不标明或者更改产品批号的；(四) 其他不符合兽药国家标准，但不属于假兽药的。"

《兽药管理条例》第七十二条规定："兽药，是指用于预防、治疗、诊断动物疾病或者有目的地调节动物生理机能的物质。"

水产养殖规范用药"六个不用"

一不用禁用药品	二不用停用兽药	三不用假、劣兽药
四不用原料药	五不用人用药	六不用农药

水产养殖用药明白纸(2020年2号)

已批准的水产养殖用兽药（截至2020年6月30日）

序号	名称	依据	休药期
	抗生素		
1	甲砜霉素粉*	A	500度日
2	氟苯尼考粉*	A	375度日
3	氟苯尼考注射液	A	375度日
4	氟甲喹粉*	B	175度日
5	恩诺沙星粉（水产用）*	B	500度日
6	盐酸多西环素粉（水产用）*	B	750度日
7	维生素C磷酸酯镁盐酸环丙沙星预混剂	B	500度日
8	硫酸新霉素粉（水产用）*	B	500度日
9	磺胺间甲氧嘧啶钠粉（水产用）*	B	500度日
10	复方磺胺嘧啶粉（水产用）*	B	500度日
11	复方磺胺二甲嘧啶粉（水产用）*	B	500度日
12	复方磺胺甲噁唑粉（水产用）*	B	500度日
	驱虫和杀虫剂		
13	复方甲苯咪唑粉	A	150度日
14	甲苯咪唑溶液（水产用）*	B	500度日
15	地克珠利预混剂（水产用）	B	500度日
16	阿苯达唑粉（水产用）	B	500度日
17	吡喹酮预混剂（水产用）	B	500度日
18	辛硫磷溶液（水产用）*	B	500度日
19	敌百虫溶液（水产用）*	B	500度日
20	精制敌百虫粉（水产用）*	B	500度日
21	盐酸氯苯胍粉（水产用）	B	500度日
22	氯硝柳胺粉（水产用）	B	500度日
23	硫酸锌粉（水产用）	B	未规定
24	硫酸锌三氯异氰脲酸粉（水产用）	B	未规定
25	硫酸铜硫酸亚铁粉（水产用）	B	未规定
26	氰戊菊酯溶液（水产用）*	B	500度日
27	溴氰菊酯溶液（水产用）*	B	500度日
28	高效氯氰菊酯溶液（水产用）*	B	500度日
	抗真菌药		
29	复方甲霜灵粉	C2505	240度日
30	三氯异氰脲酸粉	B	未规定
31	三氯异氰脲酸粉（水产用）*	B	未规定
32	戊二醛苯扎溴铵溶液（水产用）	B	未规定
33	稀戊二醛溶液（水产用）	B	未规定

续表

序号	名称	依据	休药期
	消毒剂		
34	浓戊二醛溶液（水产用）	B	未规定
35	次氯酸钠溶液（水产用）	B	未规定
36	过碳酸钠（水产用）	B	未规定
37	过硼酸钠粉（水产用）	B	0度日
38	过氧化钙粉（水产用）	B	未规定
39	过氧化氢溶液（水产用）	B	未规定
40	含氯石灰（水产用）	B	未规定
41	苯扎溴铵溶液（水产用）	B	未规定
42	癸甲溴铵复合溶液	B	未规定
43	高碘酸钠溶液（水产用）	B	未规定
44	蛋氨酸碘粉	B	虾0日
45	蛋氨酸碘溶液	B	鱼虾0日
46	硫代硫酸钠粉（水产用）	B	未规定
47	硫酸铝钾粉（水产用）	B	未规定
48	碘附（Ⅰ）	B	未规定
49	复合碘溶液（水产用）	B	未规定
50	溴氯海因粉（水产用）	B	未规定
51	聚维酮碘溶液（Ⅱ）	B	未规定
52	聚维酮碘溶液（水产用）	B	500度日
53	复合亚氯酸钠粉	C2236	0度日
54	过硫酸氢钾复合物粉	C2357	无
	中药材和中成药		
55	大黄末	A	未规定
56	大黄芩鱼散	A	未规定
57	虾蟹脱壳促长散	A	未规定
58	穿梅三黄散	A	未规定
59	蚌毒灵散	A	未规定
60	七味板蓝根散	B	未规定
61	大黄末（水产用）	B	未规定
62	大黄解毒散	B	未规定
63	大黄芩蓝散	B	未规定
64	大黄侧柏叶合剂	B	未规定
65	大黄五倍子散	B	未规定
66	三黄散（水产用）	B	未规定
67	山青五黄散	B	未规定
68	川楝陈皮散	B	未规定
69	六味地黄散（水产用）	B	未规定
70	六味黄龙散	B	未规定
71	双黄白头翁散	B	未规定

序号	名称	依据	休药期	序号	名称	依据	休药期
72	双黄苦参散	B	未规定	92	青板黄柏散	B	未规定
73	五倍子末	B	未规定	93	苦参末	B	未规定
74	五味常青颗粒	B	未规定	94	虎黄合剂	B	未规定
75	石知散（水产用）	B	未规定	95	虾康颗粒	B	未规定
76	龙胆泻肝散（水产用）	B	未规定	96	柴黄益肝散	B	未规定
77	加减消黄散（水产用）	B	未规定	97	根连解毒散	B	未规定
78	百部贯众散	B	未规定	98	清健散	B	未规定
79	地锦草末	B	未规定	99	清热散（水产用）	B	未规定
80	地锦鹤草散	B	未规定	100	脱壳促长散	B	未规定
81	芪参散	B	未规定	101	黄连解毒散（水产用）	B	未规定
82	驱虫散（水产用）	B	未规定	102	黄芪多糖粉	B	未规定
83	苍术香连散（水产用）	B	未规定	103	银翘板蓝根散	B	未规定
84	扶正解毒散（水产用）	B	未规定	104	雷丸槟榔散	B	未规定
85	肝胆利康散	B	未规定	105	蒲甘散	B	未规定
86	连翘解毒散	B	未规定	106	博洛回散	C2374	未规定
87	板黄散	B	未规定	107	银黄可溶性粉	C2415	未规定
88	板蓝根末	B	未规定	108	草鱼出血病灭活疫苗	A	未规定
89	板蓝根大黄散	B	未规定	109	草鱼出血病活疫苗（GCHV-892 株）	B	未规定
90	青连散	B	未规定	110	牙鲆鱼溶藻弧菌、鳗弧菌、迟缓爱德华氏菌病多联抗独特型抗体疫苗	B	未规定
91	青连白贯散	B	未规定				

序号	名称	依据	休药期
111	嗜水气单胞菌败血症灭活疫苗	B	未规定
112	鱼虹彩病毒病灭活疫苗	C2152	未规定
113	大菱鲆迟钝爱德华氏菌活疫苗(EIBAV1 株)	C2270	未规定
114	大菱鲆鳗弧菌基因工程活疫苗(MVAV6203 株)	D158	未规定
115	鳜传染性脾肾坏死病灭活疫苗(NH0618 株)	D253	未规定
	维生素类药		
116	亚硫酸氢钠甲萘醌粉(水产用)	B	未规定
117	维生素 C 钠粉(水产用)	B	未规定
	生物制品		
118	注射用促黄体素释放激素 A_2	B	未规定
119	注射用促黄体素释放激素 A_3	B	未规定
120	注射用复方鲑鱼促性腺激素释放激素类似物	B	未规定
121	注射用复方鲑鱼促性腺激素 A 型(水产用)	B	未规定
122	注射用复方鲑鱼促性腺激素 B 型(水产用)	B	未规定
123	注射用绒促性素(I)	B	未规定
124	多潘立酮注射液	B	未规定
125	盐酸甜菜碱萘预混剂(水产用)	B	0 度日

说明:1. 本宣传材料仅供参考,已批准的兽药名称、用法用量和休药期,以兽药典、兽药质量标准和相关公告为准。2. 代码解释,A:兽药典 2015 年版,B:兽药质量标准 2017 年版,C:农业部公告,D:农业农村部公告。3. 休药期中"度日",是指水温与停药天数乘积,如某兽药休药期为 500 度日,当水温 25 摄氏度×20 日=500 度日。4. 水产养殖生产者应依法做好用药记录,使用有休药期规定的兽药必须遵守休药期,购买处方药必须由执业兽医开具处方。5. 带 * 的兽药,为凭执业兽医处方可以购买和使用的兽药用处方药。

农业农村部渔业渔政管理局、中国水产科学研究院、全国水产技术推广总站 2020 年 9 月宣。

No. _____

水产动物疾病诊疗记录表

姓名：_____   地址：_____

电话：_____   日期：_____

主述病史

养殖水体_____   面积_____   水源_____   气温_____   水温_____

养殖设施修建时间_____   增氧设备_____   新增设施_____

养殖品种_____   发病种类_____   大小/年龄_____

发病起始时间_____   死亡开始时间_____

发病结束时间_____   死亡截止时间_____

日常管理_____

_____

行为异常_____

_____

摄食情况_____

其他临床表现及体表症状_____

_____

水质

溶解氧_____   氨氧_____   亚硝酸盐_____

盐度_____   pH 值_____   浮游生物_____

_____

其他_____   留样备检_____

病样检查

行为_____

体表(皮肤)_____

鳃_____

血液_____

细菌分离:肝_____;肾_____

　　　　其他_____

腹腔(腹水/寄生虫)_____

肝、脾、肾_____

_____

肠道_____

其他_____

样品固定_____

诊断结论　1._____

　　　　　2._____

　　　　　3._____

处置建议　1._____

　　　　　2._____

　　　　　3._____

治疗效果　1._____

　　　　　2._____

　　　　　3._____

一、革兰氏染色法

革兰氏染色法，是一种常用的细菌染色方法，一般包括初染、媒染、脱色、复染等四个步骤。经染色后，阳性菌呈紫色，阴性菌呈红色，可以清楚地观察到细菌的形态、排列及某些结构特征，从而用以分类鉴定。

操作步骤：

① 制片：取菌种培养物常规涂片、干燥、固定。涂片不宜过厚，以免脱色不完全造成假阳性；火焰固定不宜过热（以玻片不烫手为宜）。

② 初染：滴加结晶紫（以刚好将菌膜覆盖为宜）染色 1～2 min，水洗。

③ 媒染：用碘液冲去残水，并用碘液覆盖约 1 min，水洗。

④ 脱色：用滤纸吸去玻片上的残水，将玻片倾斜，在白色背景下，用滴管流加 95% 的乙醇脱色，直至流出的乙醇无紫色时，立即水洗，脱色时间一般为 20～30 s。

⑤ 复染：用番红液复染约 2 min，水洗。

⑥ 镜检：干燥后，用油镜观察。菌体被染成蓝紫色的是革兰氏阳性菌，被染成红色的为革兰氏阴性菌。

二、瑞氏染色法

瑞氏染色是最常用而又最简单的染色方法。瑞氏试剂中酸性伊红和碱性美蓝混合经化学作用后，变成中性伊红化美蓝，久置后，经氧化而含有天青。细胞受染后，蓝红等颜色都较适中，核染质、胞浆及其中之颗粒显色较为清楚。细菌染成蓝色，组织细胞胞浆红色，细胞核蓝色。

操作流程：

① 取样品涂片、自然干燥。

② 滴加瑞氏染液染 3 min，使标本被其中甲醛所固定。

③ 加等量 pH 值为 6.4 的磷酸盐缓冲液（或等量超纯水）轻轻晃动玻片，均匀静置 5 min。

④ 水洗、自然风干后镜检。

⑤ 细菌染成蓝色，组织细胞胞浆红色，细胞核蓝色或紫色。

三、迪夫快速染色法

迪夫快速（Diff-Quik）染色是在赖特染色基础上改良而来的一种快速染色方法，是细胞学检查中常用的染色方法之一。染色结果与瑞氏染色液相似,但所需的时间极短,一般90 s以内即可完成染色。

操作流程:

① 常规方法制备血液涂片或骨髓涂片,自然干燥或酒精灯火焰干燥后,Diff-Quik Fixative 固定 20 s。

② Diff-Quik Ⅰ染色 5～10 s。

③ Diff-Quik Ⅱ染色 10～20 s。

④ 水洗后立即趁湿在显微镜下观察。

⑤ 染色结果:细胞核、白细胞呈深蓝色;基质、淋巴细胞呈紫色;细胞质、红细胞呈粉红色。

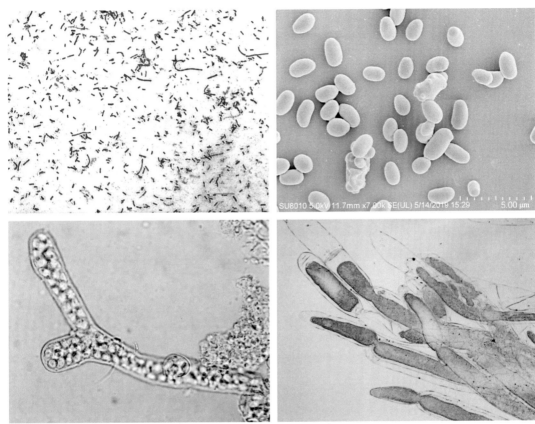

图1-1 常见微生物类病原生物

杀鲑气单胞菌	二尖梅奇酵母
鳃霉	水霉

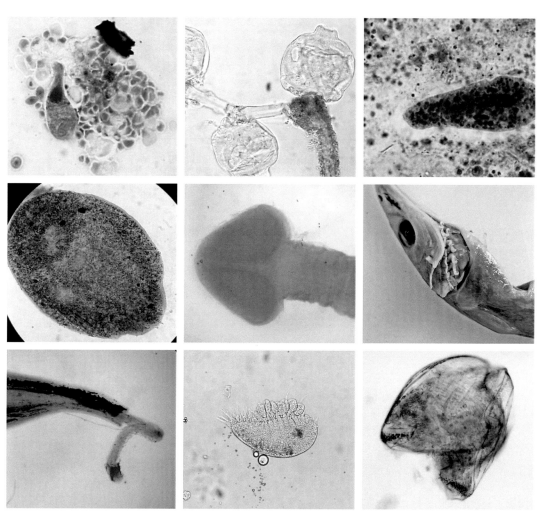

图1-2 常见寄生虫类病原生物

杯体虫	累枝虫	毛管虫
复口吸虫囊蚴	九江头槽绦虫	针鱼破裂鱼虫
长棘吻虫	河蟹等足类内寄生虫	钩介幼虫

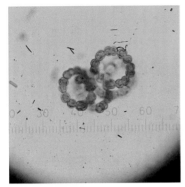

图1-3　常见敌害生物类病原生物

拟鱼腥藻 | 钢丝草 | 龙虱

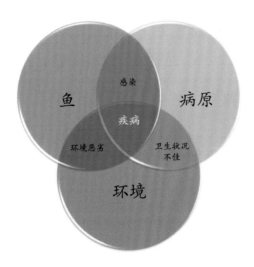

图1-4　水产动物疾病发生的"三环"学说

图2-1　患鲤浮肿病的蝴蝶鲤，示病鱼昏睡，侧卧悬垂于水中

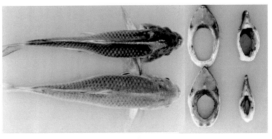

图2-2　氧化油脂导致鲤背部肌肉萎缩

图 2-3　鲤摄食氧化油脂致鲤脊柱侧弯畸形

图 2-4　鳙腹部膨大

图 2-5　许氏平鲉哈维氏弧菌
感染皮肤局灶性褪色、出血

图 2-6　中华绒螯蟹白化，透
明可见内脏

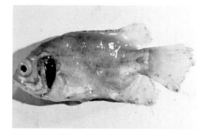

图 2-7　地图鱼小瓜虫感染，体表
黏液显著增多

图 2-8　下颌出血

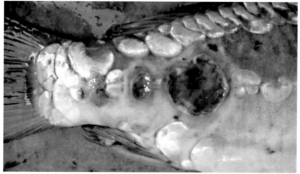

图 2-9　镜鲤体表出血、溃疡

图 2-10　许氏平鲉双阴道吸虫寄生致鳃贫血

图 2-11　草鱼出血病，鳃出血缺血

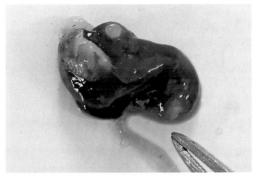

图 2-12　观赏鱼蓝宝石肝脏结节病灶

图 2-13　鲇鱼肿瘤

图 2-14　观赏鱼蓝宝石竖鳞

图 2-15　观赏鱼细菌感染造成竖鳞

图 2-16　黑色玛丽鱼眼球突出

图 2-17 锦鲤感染鲤疱疹病毒Ⅲ型
眼球凹陷

图 2-18 刺激隐核虫寄生导
致病鱼瞎眼

图 2-19 蓝曼龙鱼苗眼球脱落

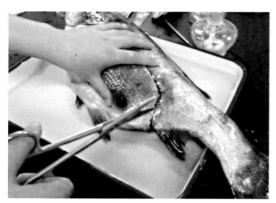
图 2-20 鲔腹水

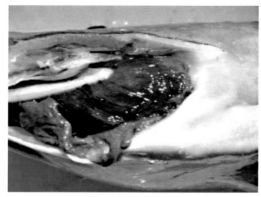
图 2-21 鳃霉寄生导致病鱼烂鳃、鳃丝污物附着

图 2-22 鲫感染鲤疱疹病毒Ⅱ型致鳃出血

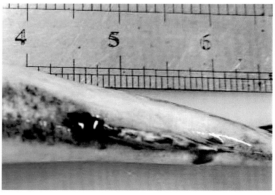
图 2-23 大鳞大马哈鱼鳗弧菌病，肛门红肿，出血

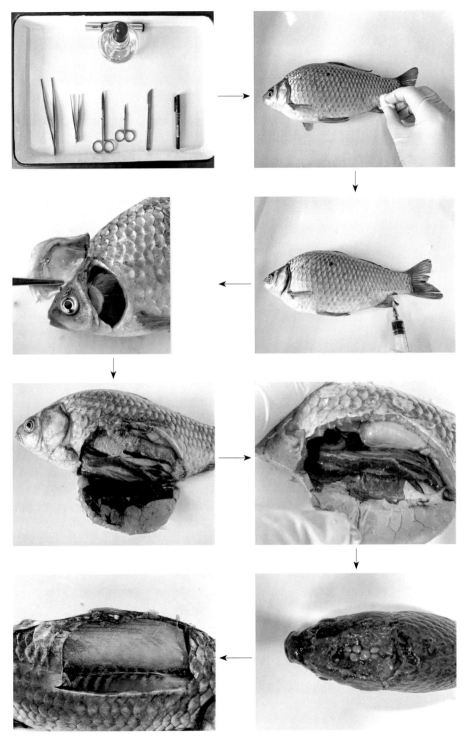

图 3-1　临床解剖流程图

图 3-2　四膜虫寄生致孔雀鱼体表
溃疡

图 3-3　青蟹体表附生大量单
缩虫

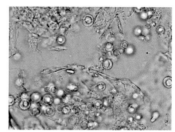

图 3-4　肤孢子虫

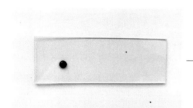

图 3-5　制作血涂片流程图

图 3-6　鲤鱼血细胞

图 3-7　尾静脉采血

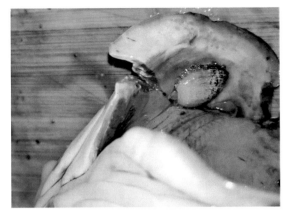

图 3-8 鳃盖内侧寄生的中华湖蛭

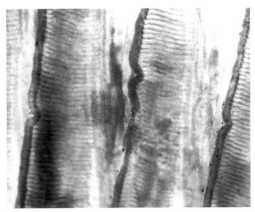

图 3-9 鳃水浸片

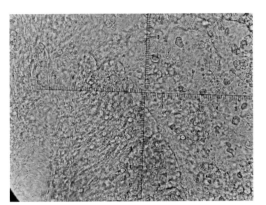

图 3-10 鳃丝黏液增多

图 3-11 氧化油脂致鲤肝肿大，变绿

图 3-12 草鱼出血病，脾出血

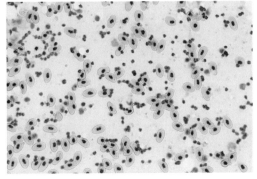

图 3-13 正常脾触片

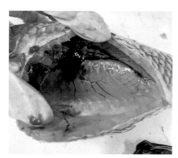

图 3-14　鳙碘泡虫病，示鳔畸形，
后鳔萎缩

图 3-15　正常肾

鲫鱼｜大菱鲆

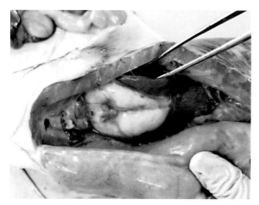
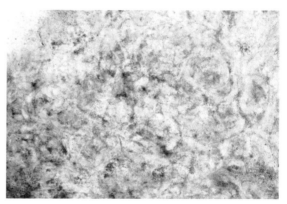

图 3-16　肾肿大，易剥离，贫血，色浅

图 3-17　正常肾压片

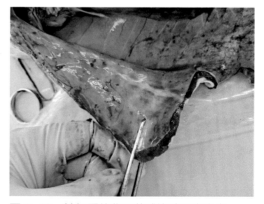

图 3-18　蝴蝶鲤鲤浮肿病脑出血

图 3-19　鲇鮰爱德华氏菌感染致肌肉出血

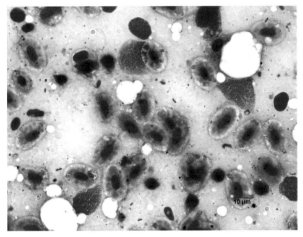

图 3-20　大马哈鱼脾脏触片，示血液中杆状细菌

图 3-21　细菌分离流程图

图 4-1　pH 值、亚硝酸盐测定

图 4-2　水中溶解氧测定

图 5-1 草鱼出血病，红鳍红鳃盖型

图 5-2　草鱼出血病，红肌肉型

图 5-3　草鱼出血病，肠炎型

图 5-4　鳃贫血，上有出血点

图 5-5　皮下肌肉出血

图 5-6　肾脏贫血，上有出血斑点

图 5-7　肠道肿胀，内蓄积大量带血黏液

图 5-8 锦鲤疱疹病毒病体表黏液增多，鳞片上有明显的血丝

图 5-9 锦鲤疱疹病毒病，鳃丝肿胀、坏死，黏液增多

图 5-10 蝴蝶鲤鲤浮肿病鳃

图 5-11 草鱼细菌性烂鳃病

烂鳃病——"开天窗""镶边"现象

烂鳃病初期，鳃丝肿胀

鳃丝残缺不全、黏液增多，有污物附着

13

图 5-12 鳃盖出血

图 5-13 内脏充血出血、有带血的腹水

图 5-14 怀鲇体表溃烂、肌肉
裸露、烂尾

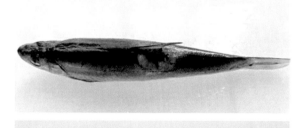

图 5-16 雅罗鱼疖疮病，背部肌肉隆起

图 5-15 柳根鱼维氏气单胞菌病

柳根鱼背部溃烂

体表褪色，尾鳍
缺失，尾柄溃烂

图 5-17 人工养殖溪红点鲑疖疮病，示皮肤上
的开放性溃疡（David W. Bruno）

图 5-18 大菱鲆疖疮病，病鱼靠近背鳍部分的背部肌肉发白，呈串珠状隆起甚至连成一串

图 5-19 大鳞大马哈鱼鳗弧菌病，病鱼眼球突出，腹部和鳍基部出血

图 5-20 大鳞大马哈鱼肝出血，出血性肠炎

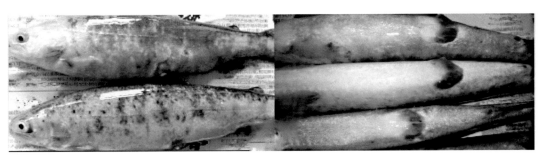

图 5-21 海鳟鳗弧菌病

病鱼鳍条基部及体表两侧发红，体侧溃疡 | 腹鳍发红，严重磨损，肛门红肿

15

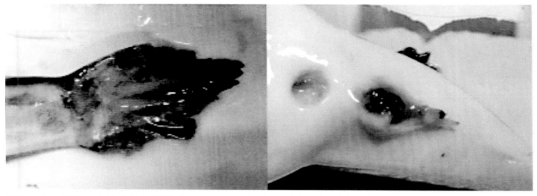

图 5-22　红旗东方鲀哈维氏弧菌病　　　　　病鱼尾鳍肿胀，充血腐烂 ｜ 臀鳍腐烂，整个臀鳍几乎全部缺失

图 5-23　许氏平鲉哈维氏弧菌病，尾部皮肤溃烂

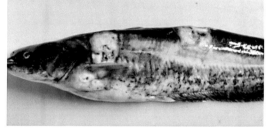

图 5-24　鲇怀拟态弧菌病　病鱼腹部膨大，体表出现褪色斑和溃疡病灶

严重时漏出肌肉组织，鳍条基部充血出血

病鱼腹部膨大，皮肤上有出血性溃疡

图 5-25　鲇鱼爱德华氏菌病

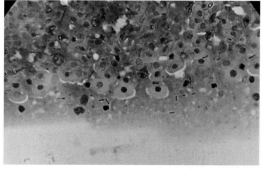

图 5-27　鲇鱼鲴爱德华氏菌病血涂片，示血液中的杆状细菌

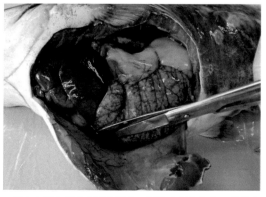

病鱼有带血不易凝固的腹水，肝肿大呈花斑状，肾肿大贫血，易与脊柱剥离

图 5-26　鲇鲴爱德华氏菌病

图 5-28 黄颡鱼鮰爱德华
氏菌病，示头部脓肿

病鱼头部溃烂

图 5-29 斑马鱼鮰爱德华氏菌病

突眼、眼球充血，腹部膨大

图 5-30 斑点叉尾鮰迟缓爱德华
氏菌病，皮肤出血，化脓性溃疡 F.
Meyer

图 5-31 团头鲂链球菌病，
示鳃肿胀，缺血，鳃盖充血出
血发红

图 5-32 牙鲆链球菌病，示剧烈
肠炎，鳍条边缘出血

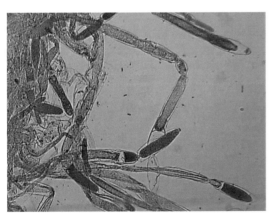

图 5-33 水霉菌丝，示末端膨大形成的厚垣孢子

图 5-34 鳙水霉病，病鱼鳞片脱落，皮肤溃疡，
有水霉着生

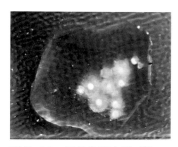
图 5-35 香鱼鱼卵水霉感染

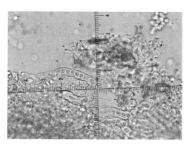
图 5-36 鳃霉菌丝，鲫鱼源鳃霉

图 5-37 大鳞鲃鳃霉病，鳃丝显著肿胀，淤血，黏液增多

图 5-38 鲇鱼鳃霉病，示花鳃

图 5-39 鲤鳃霉病，鳃缺血和淤血呈"阴阳鳃"状

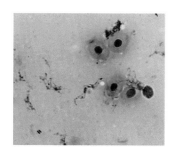
图 5-40 锥体虫

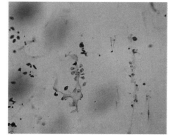
图 5-41 鲤鱼波豆虫皮肤黏液涂片，示气球样的虫体

图 5-42 金鱼鱼波豆虫病，鳃盖不能闭合

图 5-43 金鱼鱼波豆虫病，示鳃上不同形态的虫体

图 5-44 六鞭毛虫

图 5-45 皇冠鱼六鞭毛虫病，头部穿孔，形成头洞

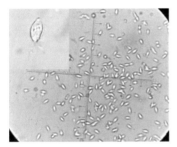

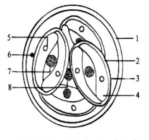

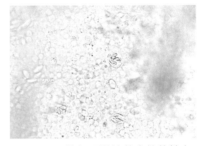

图 5-46 低倍镜下快速运动的六鞭毛虫，左上为高倍镜下形态

1.卵囊模 2.孢子囊 3.孢子囊膜 4.孢子体 5.胞核 6.极体 7.孢子残余体 8.卵囊残余体

图 5-47 艾美虫的卵囊模式图

图 5-48 草鱼肠道结节中的艾美虫卵囊（中）和孢子囊（左）

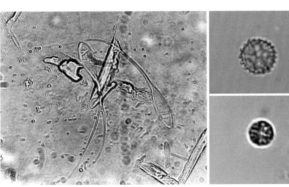

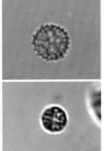

图 5-49 黏孢子虫

尾孢虫 ｜ 四极虫侧面观
｜ 四极虫底面观

图 5-50 鲤碘泡虫寄生，示鳃肿胀充血，鳃丝末端有大量白色包囊

图 5-51 鲥碘泡虫病，示肝脏上有大量包囊，坏死，有带血腹水

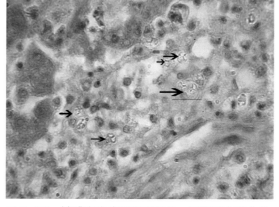

图 5-52 鲥碘泡虫病肝组织切片，示肝脏中的虫体

图 5-54 感染心形虫的七彩神仙鱼

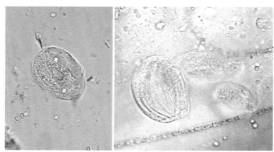

图 5-53 鲫鳃上的斜管虫

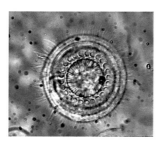

图 5-55 车轮虫水浸片

图 5-56 鹦鹉鱼鳃车轮虫

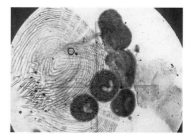

图 5-57 皇冠鱼体表的小瓜虫，下为鳞片

 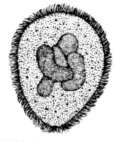 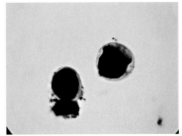

图 5-58　处于二分裂期的小　图 5-59　刺激隐核虫　　　　　　　　　　　　　　营养体 ｜ 包囊
瓜虫

图 5-60　皇冠鱼苗白点病，病鱼体表布满白点　　图 5-61　纹腹叉鼻鲀刺激隐核虫病，全身布满白
　　　　　　　　　　　　　　　　　　　　　　　　　　　点，眼球浑浊

 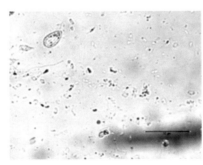 

图 5-62　许氏平鲉刺激隐　图 5-63　河鲀源盾纤毛虫——哈氏伪康线虫的显微镜下和扫描电镜形态
核虫病，示鳃中布满白点

图 5-64 牙鲆盾纤毛虫感染，病鱼体表溃疡灶

图 5-65 河鲀盾纤毛虫感染，示体表充血，出现大量红斑

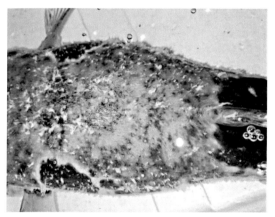

图 5-66 河鲀盾纤毛虫感染，全身布满白毛

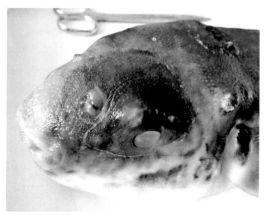

图 5-67 河鲀盾纤毛虫感染，眼球浑浊发白，眼周围肿胀

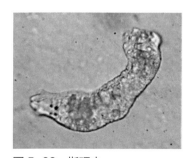

图 5-68 指环虫

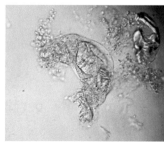

图 5-69 三代虫

图 5-70 鲫鳃上寄生的三代虫

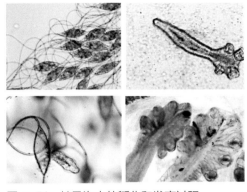

图 5-71 钝异沟虫的孵化和发育过程

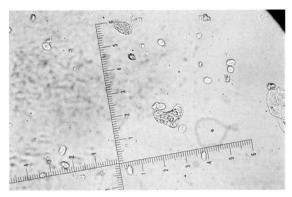

图 5-72 鲢鳃组织中的血居吸虫虫卵，上为未成熟虫卵，下为成熟虫卵

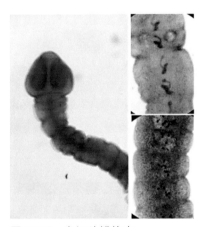

图 5-73 九江头槽绦虫

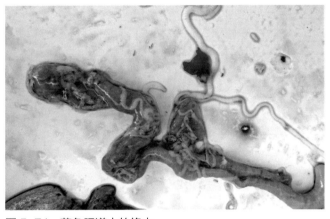

图 5-74 草鱼肠道中的绦虫

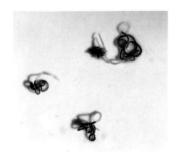

图 5-75 黄鳝体内的嗜子宫线虫

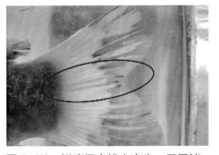

图 5-76 鲫嗜子宫线虫寄生，示尾鳍上的线状虫体

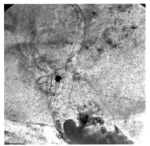

图 5-77 草鱼鳃上寄生的大中华鳋

图 5-78 寄生在草鱼鳃上的大中华鳋

图 5-79 大中华鳋寄生导致草鱼鳃丝腐烂充血

图 5-80 锚头鳋形态

图 5-81 草鱼口腔内寄生大量锚头鳋

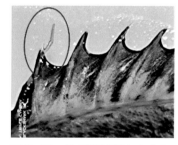

图 5-82 许氏平鲉鳍条上寄生的锚头鳋

图 5-83 鲺

染色标本 ┃ 活体拍照

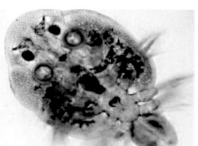

图 5-84 锦鲤体表大量鲺寄生

图 5-85 鲺寄生致锦鲤尾柄部体表严重出血，鳞片脱落

图 5-86 鱼怪寄生

被寄生的鲫鱼 ｜ 鱼怪

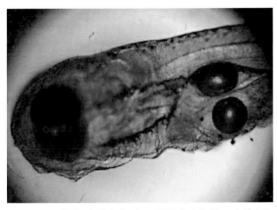

图 5-87 鲤鱼水花气泡病，示两个大气泡，上为鳔，下为肠道中的气泡

图 5-88 斑点叉尾鮰气泡病，鱼苗大量死亡，单侧突眼

图 5-89 白鲢鱼种气泡病，示胸鳍上的气泡

图 5-90 青鱼鱼苗缺氧死亡

图 5-91 细鳞鱼维生素缺乏导致鳃盖发育不全

图 5-92 蝴蝶鲤维生素或微量元素缺乏，导致体表黏液减少，全身呈粉红色

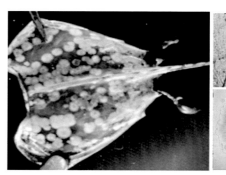

图 6-1 白斑综合征 病虾头胸甲出现白斑 | 白斑镜下图

图 6-2 桃拉综合征

病虾身体发红，尾扇尤为明显 | 病虾体表出现不规则的黑斑

图 6-3 南美白对虾患传染性肌坏死病

图 6-4 南美白对虾患传染性肌坏死病

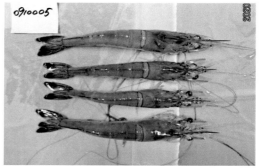

图 6-5 中国对虾黄头病，病虾肝胰脏发黄，尾扇橘黄色

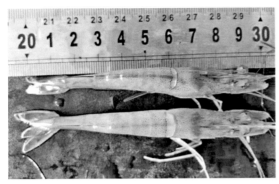

图6-6 患黄头病对虾，肝胰腺发黄，虾体发白

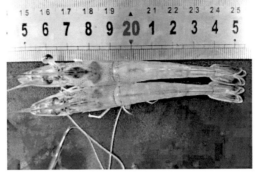

上虾肝胰腺发红，肠道发红，体色发红；下虾健康

图6-7 患肝胰腺细小病毒病对虾与健康对虾对比图

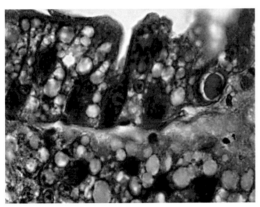

图6-8 对虾肝胰腺细小样病毒病，示上皮细胞中的包涵体

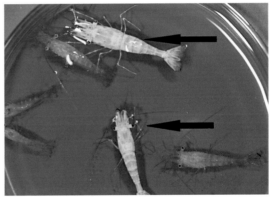

图6-9 小长臂虾贝氏柯克斯体病，虾通体发白，水肿

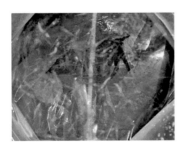

图6-10 南美白对虾感染AHPND后肝胰腺发白

图6-11 南美白对虾急性肝胰腺坏死病

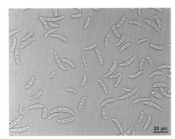

图6-12 镰刀菌分生孢子在显微镜下形态图

图 6-13　对虾黑鳃病

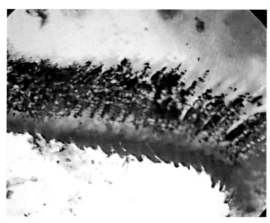

图 6-14　中国对虾患黑鳃病后头胸甲出现黑斑

图 6-15　南美白对虾虾肝肠胞虫病

图 6-16　南美白对虾聚缩虫病，示附肢上的虫体

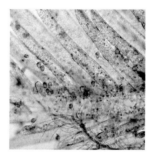

图 6-17　东北拟蜊蛄鳃上寄生钟虫

图 6-18　东北拟蜊蛄钟虫病，病虾鳃丝肿胀、变黄

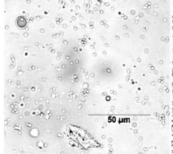
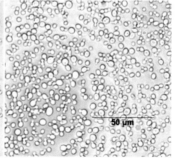

图 6-19　二尖梅奇酵母显微镜下形态　　河蟹体内酵母 ｜ 体外培养酵母

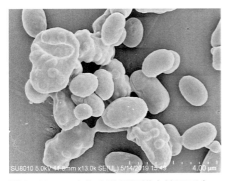

图6-20 二尖梅奇酵母扫描电镜下形态，示多边芽殖

图6-21 河蟹"牛奶病"　　初期头胸甲腔中开始出现牛奶状液体　　末期头胸甲腔中蓄积大量液体

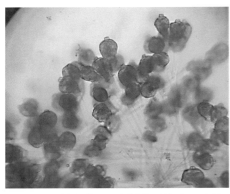

图6-22 单缩虫，示倒钟罩形虫体，虫体间有细长的柄相连

图6-23 河蟹聚缩虫病初期

图6-24 长毛蟹—河蟹聚缩虫

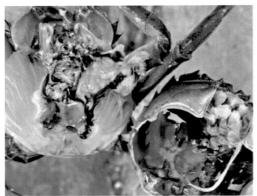

图6-25 河蟹水瘪子，肝胰腺暗黄、体液增多

图 6-26 河蟹水瘪子 示肝胰腺白化

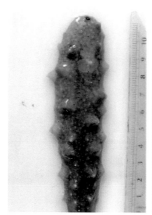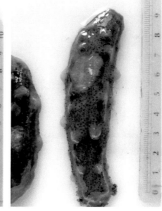

图 7-1 刺参腐皮

初期 ｜ 后期

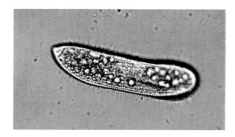

图 7-2 海参源盾纤毛虫镜下形态图

图 7-3 幼参盾纤毛虫病

图 7-4 猛水蚤

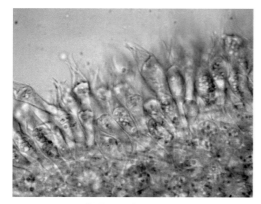

图 7-5 后口虫镜下形态图

图 7-6 浒苔

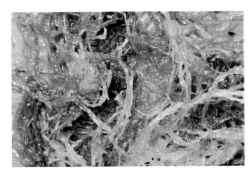

图 7-7 黄管菜

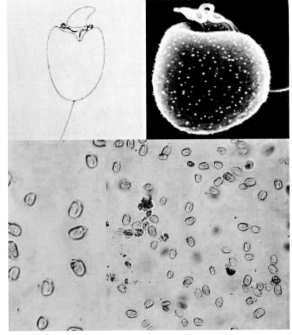

图 7-9 强壮前沟藻

图 7-8 参圈中枯黄死亡的青苔

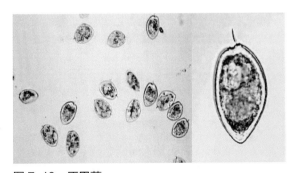

图 7-10 原甲藻

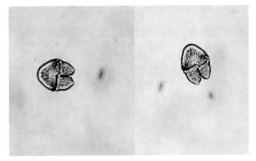

图 7-11 裸甲藻

图 7-12 虾夷马粪海胆红斑溃疡病

图 7-13 秃海胆病

初期局部棘刺断裂　　示棘刺中部断裂

示疾病后期壳表面棘刺
完全脱落，形成溃疡

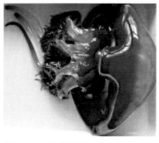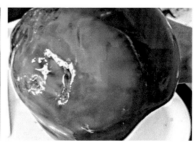

图 7-14　海蜇溃烂病伞体部溃烂　　图 7-15　海蜇平头病　　健康海蜇 ｜ 患平头病海蜇头部塌盖

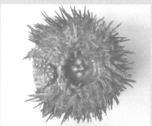

ISBN 978-7-5713-3189-4

定价：39.80 元

职业教育中餐烹饪与西餐烹饪专业系列教材

名菜名点赏析

杨存根　闵二虎　主编
茅建民　主审

科学出版社